インプレスR&D [ NextPublishing ]

技術の泉 SERIES
E-Book / Print Book

# エンジニア・研究者のための Word チュートリアルガイド

出川 智啓 著

スタイルの活用で文書を構造化!
数式入り技術文書を
Wordで書こう!

## 本書について

本書では，著者らがWordを用いて技術文書を作成しながら学んだ知識をまとめている．特に，WordよりもTeXに習熟した著者らが，WordでもTeXのように図表や数式番号，文献の引用をしたいと試行錯誤したその成果がまとめられている．本書では，まずWordを使う上で知っておくべき基本的な知識について述べる．想定される読者の多くは，Wordに関する誤解が解けることだろう．その後，文書を段階的に構成していきながら，Wordの機能について説明している．文書の新規作成から完成まで順序よく読めばよいように構成しているが，説明の多い章も存在するため，適宜飛ばしながら読み進めていただきたい．一通りWordの機能を説明した後，Wordの相互参照機能の改善方法を提示し，TeXのような引用を実現している．ここが本書の一つ目の核であり，ここで導入する機能によって，技術文書執筆におけるWordの使い勝手が著しく改善できる．Wordついてそれなりに知識のある読者は，当該の章（第8章）のみを読んでいただければよい．本書の終盤では，本書の二つ目の核として，実際の学会の講演原稿用Wordファイルをチュートリアル形式で修正・改善している．

## 本書の対象

本書は，理工学系の技術に関する文書・書類（技術書，卒業論文，修士論文，博士論文，ジャーナル論文，学会講演原稿，実験レポートなど）を書く立場にあり，Wordを学んだことがなく，なんとなくWordを使えるものの，もっと執筆効率を改善したいと考えている学生や技術者を想定している．若干であるが本文中でHTMLとの対比を行っているので，HTMLついて少しでも知っていると，詰まることなく読み進められるだろう．ただし，そこまで重要な意味を持たないので，知らなければ読み飛ばしてもらってかまわない．Wordの操作を一通りこなせることを前提としているが，Wordを系統的に学習した読者にとっては退屈な内容であることはお断りしておかなければならない．

## 表記法

本書では，Wordの命名に従った表記を用いる．図や表にラベル，番号およびキャプション（説明文）を付けることを“図表番号を挿入する”といい，本文中で図表番号を引用することを“図表番号を参照する”という．ただし，文献を引用するために本文中に文献番号を書くことを，“文献番号を挿入する”という．
リボンにある各項目（タブ）やタブにあるボタン，ボタンをクリックすると現れるメニュー，ダイアログボックス，ウィンドウおよびそれらに設けられた各種設定項目を表記する場合は**ゴシック体**を用いる．スタイルの名称についても**ゴシック体**を用いるが，○○スタイルと記述するので区別は可能だろう．また，Word 2007から追加された数式入力環境については，どうやら**数式**が正式名称であるようなので，本文中で言及する場合は数式コンテンツコントロールを挿入するボタンと区別せずに**数式**と書く.

本書の中で，著者ら自身の事情・状況について言及する場合には，主語を“著者ら”と書き，想定される読者に一般的と思われる事情・状況について言及する場合には，理工学系の文脈に従って主語を“我々”と書く.

## 免責事項

本書は，著者らの知見に基づく情報の公開のみを目的としている．そのため，本書に記載された内容およびその正誤によって生じた結果について，著者らはいかなる責任も負わない.

本書に掲載している内容については，著者らの環境でのみ動作の確認を行っており，いかなる環境においても再現できることを保証するものではない.

Windows 7 SP1 64bit 日本語版

Microsoft Word 2010

## 表記関係について

本書に記載されている会社名，製品名などは，一般に各社の登録商標または商標，商品名である．会社名や製品名について，本文中では©，®，™マークなどは表示していない.

# 目次

# 第1章 はじめに

本章では，著者らの状況や経験を読者と共有するとともに，その経験から本書の執筆に至った背景を述べる．

## 1.1 背景

1年ほど前，著者らは親しい人達に向けてFortranプログラミングの手引書を制作した．執筆に際して最も難航したことは，内容の検討でもサンプルプログラムの作成でもなく，TeXとWordのどちらで書くかを決断することであった．なんとなくしか使えないWordよりはTeXの方が長文を書いても構造が破綻しなさそうだし，図表や数式，文献の引用についてもTeXの方が容易であるように思われた．エディタに依存するが，TeXはテキストベースなので軽く，Wordのように突然の強制終了や謎のメモリ不足によってファイルが保存できないという事態は起こらない．一方で書式や体裁にも少しは気を遣いたいと考えたときに，TeXでは設定がややこしそうだと感じられた．それ以外にも，プログラムソースを掲載したとき，その中で式の引用やソースの強調を行うのは非常に手強そうだった．また，長文を執筆しながらTeX命令を入れるという作業が必要なことや，処理系を通さないと仕上がりを確認できないのも不満だった．結局，「Wordをなんとなくしか使えないなら，一度本を読んで学習すればよい．本も書けてWordも使えるようになるなら，それは素晴らしいことではないか」との考えの下で，Wordで執筆することにした．

書籍[1]を1冊買って読み進めていくと，著者らがWordを知らず，いかに適当に使っていたのかを痛感することになった．それと同時に，Wordの正しい使い方に沿うと，使い勝手が各段に向上することが分かった．しかしながら，図表番号の参照や文献の引用はまだマシにしても，数式に番号を付与して引用する手軽な手段が用意されていないことに著しい不満を感じていた．何とか使い勝手を改善できないかと試行錯誤しているうちに，ある一つの機能にたどり着いた．後の章で紹介するが，この機能は，TeXユーザとしてWordの相互参照に感じていた不満を解決する銀の弾丸であった．その後色々と調べてみたが，著者らが利用していた機能はあまり有名ではなく，またそれを相互参照に応用した情報は見当たらなかった．また，Wordの機能に関する知識が増えると，業務中に触れるWord文書が，何の機能を使ってどのように作られているかが気になるようになった．現在は，まず渡されたWordファイルを修正してから内容を

1. 西上原裕明，Wordで作る長文ドキュメント，技術評論社，2013.

記述し，同僚にも修正したファイルの使用を勧めている.

このような背景から，著者らが蓄積した知見を公開することでWordを効率的に利用する人が増え，Wordの不満が少しでも改善され，その結果として業務が楽になればと思い立ち，本書の執筆に至った.

# 第2章 Wordの基本

本章では，執筆の過程で著者らなりに理解したWordの基本について述べる．Wordにおける段落の概念を理解し，スタイルをいかに上手く取り扱うかがWordを使いこなすキモである．

## 2.1 WordはWYSIWYG？

我々はWordについて一体どのくらい詳しく知っているのだろうか？Microsoft社の商品の一つで，文書作成を主に行うソフトウェアである．WYSIWYG[1]エディタであり，文書のフォント等の体裁を画面で見ながら編集し，画面出力と同じ結果を印刷出力として得られる．Microsoft Officeを構成するソフトウェア群の一つであり，Excelと併せて主力商品であると思われる．また，業務を行う上で標準的な文書作成ソフトウェアであり，この世の中で最も多くの時間を奪っているソフトウェアの一つではないかと思わせるほど，我々を苦しめる．

著者は，WordがWYSIWYGエディタであるとは考えていない．Wordを効率的に利用するには，HTMLと同じように内容とデザインに分けて考える必要があると認識している．つまり，Wordはデキの悪いHTMLエディタのようなものである．HTMLでは，内容を記述する際に構造をHTMLタグによって明記し，そのタグのデザインをスタイルシート（CSS）が担当する．スタイルシートを切り替えることで，構造を一切変更することなくデザインを変更できる．WordがHTMLエディタであると主張するのであれば，Wordは何で構造を明記し，何でデザインを決めるのであろうか？

答えは，段落とスタイルである．そして，それら以外にもWordと上手につきあうために種々の編集記号と特殊文字を使いこなすことになる．我々が従来やっていた行為，つまり，本文をベタ書きしながら都度フォントやそのサイズを変更するのは，Wordが想定している使い方ではない．不便な使い方をしながら文句を言うのはお門違いというものだ．

## 2.2 段落とスタイル

Wordを起動すると，図1に見られるように，リボンの**ホーム**タブに「スタイル」が表示されていることに気付いているだろうか．我々の多くは，存在を認識しているものの，何に使うのか分からずその存在を気にも留めていないのではないだろうか．あるいは，単純にデザインの

1.What You See Is What You Get の略であり，画面表示と印刷結果を一致させる技術である．

プリセットだと思い，それらが自身の文書に合致しないので無視しているのではないだろうか．

Wordのスタイルは単純なデザインのプリセットではなく，文書の構造とデザインを同時に表現するための機能である．つまり，HTMLタグとスタイルシートが混在した機能である．このスタイルを利用して構造（文書内の役割）を明記し，それに応じた書式を指定する．文章に対する装飾のほとんど全てが指定できる．

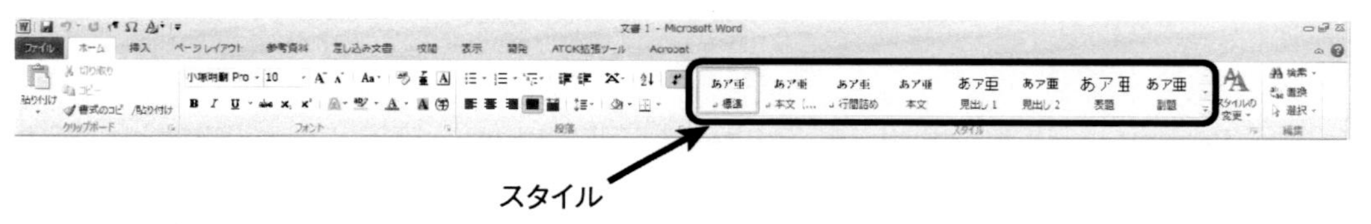


図 1 ホームタブに表示されたスタイル群

では，そのスタイルが適用される範囲はどのように決まるのか？HTMLではタグでその範囲が明記できた．Wordでは，スタイルが適用される範囲は段落という単位で決まる．段落といえば，洋の東西を問わず，長い文章の中でまとまりのある内容が書かれた範囲を意味する．しかし，Wordはスタイルが適用される範囲を段落[2]と呼んでいるためややこしい．本書では，文法でいうところの段落を“文法的段落”，Wordのスタイルが適用される範囲を単純に“段落”と呼ぶことにする．

文法的段落と段落が一致しない場合，どういった不都合が生じるのだろうか．技術文書に関連した内容であれば，数式を書くとそこで段落が途切れてしまう，という点が挙げられよう．例を見てみよう．

> 2次元非圧縮性粘性流れに対する連続の式およびNavier-Stokes方程式はそれぞれ次式で表される．
>
> $$\frac{\partial u}{\partial x} + \frac{\partial v}{\partial y} = 0 \tag{1}$$
>
> $$\begin{cases} \dfrac{\partial u}{\partial t} + u\dfrac{\partial u}{\partial x} + v\dfrac{\partial u}{\partial y} = -\dfrac{1}{\rho}\dfrac{\partial p}{\partial x} + \nu\left(\dfrac{\partial^2 u}{\partial x^2} + \dfrac{\partial^2 u}{\partial y^2}\right) \\ \dfrac{\partial v}{\partial t} + u\dfrac{\partial v}{\partial x} + v\dfrac{\partial v}{\partial y} = -\dfrac{1}{\rho}\dfrac{\partial p}{\partial y} + \nu\left(\dfrac{\partial^2 v}{\partial x^2} + \dfrac{\partial^2 v}{\partial y^2}\right) \end{cases} \tag{2}$$
>
> ここで，$x, y$は空間方向，$t$は時間である．$u, v$はそれぞれ$x, y$方向速度，$p$は圧力を表す．$\rho$および$\nu$は密度および動粘度である．

2.Wordのこの命名は失敗と言い切れる．

理工系の文章としては一般的な体裁をした例文である．まず何の式であるかについて言及し，独立した2行にそれぞれ連続の式とNavier-Stokes方程式を記述し，その後，式の各変数が意味する物理量を説明している．我が国の文法では，文法的段落を変える際は字下げ[3]を行うので，我々は字下げの有無によって文法的段落を見分ける．すなわち，例文全てが一つの文法的段落であると容易に認識できる．

一方，Wordではエンターキーを押下するとその時点で段落が変わる．我々はエンターキーを押下して行を変えることを単に改行と呼ぶが，Wordにおけるその操作は改段落に相当する．行を変える役割に加えてスタイルを終了させる役割も担っているのである[4]．上の例文では，1,2行目に**本文**，3, 4行目に**数式**，5, 6行目に**本文（インデント無し）**というスタイルを適用している．それぞれのスタイルが適用された各段落の範囲を点線で示すと，次の例文のようになる．文法的段落用にスタイルを一つ決めればよいというわけにはいかず，文法的段落を更に文や数式等の構成要素に分解し，それらに応じたスタイルを定義することになる．なお，**本文**と**数式**の隙間（2行目と3行目の間）は，**数式**オブジェクトによって強制的に空けられている．

2次元非圧縮性粘性流れに対する連続の式およびNavier-Stokes方程式はそれぞれ次式で表される．

$$\frac{\partial u}{\partial x}+\frac{\partial v}{\partial y}=0 \tag{1}$$

$$\begin{cases}\dfrac{\partial u}{\partial t}+u\dfrac{\partial u}{\partial x}+v\dfrac{\partial u}{\partial y}=-\dfrac{1}{\rho}\dfrac{\partial p}{\partial x}+\nu\left(\dfrac{\partial^2 u}{\partial x^2}+\dfrac{\partial^2 u}{\partial y^2}\right)\\ \dfrac{\partial v}{\partial t}+u\dfrac{\partial v}{\partial x}+v\dfrac{\partial v}{\partial y}=-\dfrac{1}{\rho}\dfrac{\partial p}{\partial y}+\nu\left(\dfrac{\partial^2 v}{\partial x^2}+\dfrac{\partial^2 v}{\partial y^2}\right)\end{cases} \tag{2}$$

ここで，$x, y$は空間方向，$t$は時間である．$u, v$はそれぞれ$x, y$方向速度，$p$は圧力を表す．$\rho$および$\nu$は密度および動粘度である．

## 2.3 段落スタイルと文字スタイル

前節で言及した**本文**スタイル，**数式**スタイル，**本文（インデント無し）**スタイルは，段落に適用される．これを段落スタイルという．

段落スタイルを適用した後で，ある特定の単語を強調するために太字にしたいという要求が生じたとき，その単語を選択して **CTRL+B** 等で太字にするのは悪手である．そのような状況で

3. 一般的には全角一文字分

4. 単純に行を変えるには段落内改行 Shift+Enter を利用する．１行に収まらないほど長い論文題目の体裁を整えるときに重宝する．

は，文字スタイルを用いて段落内の単語の書式を変更する．文字スタイルは段落スタイルとは異なり，選択された文字にのみ適用される．文字のデザインを変えるためには，デザインの数だけスタイルを作る必要が生じるが，単語の強調を太字から斜体等に変更する等の変更は，本文に一切手を加えずにスタイルの編集のみで完結させることができる．

# 第3章 下準備

本章では，Wordを利用した技術文書作成を効率化するために，設定しておいた方がよい項目について紹介する．

## 3.1 編集記号の表示

本書では，文書の体裁を整えるために文章を制御する記号（編集記号や特殊文字）を用いる．それら編集記号は通常は表示されないようになっているので，ここで表示しておこう．設定は，**ファイル**タブの**オプション**メニューをクリックし，表示された**Wordのオプション**ダイアログの**表示**にある，**常に画面に表示する編集記号**の項目において，**全ての編集記号を表示する**オプションをチェックする．

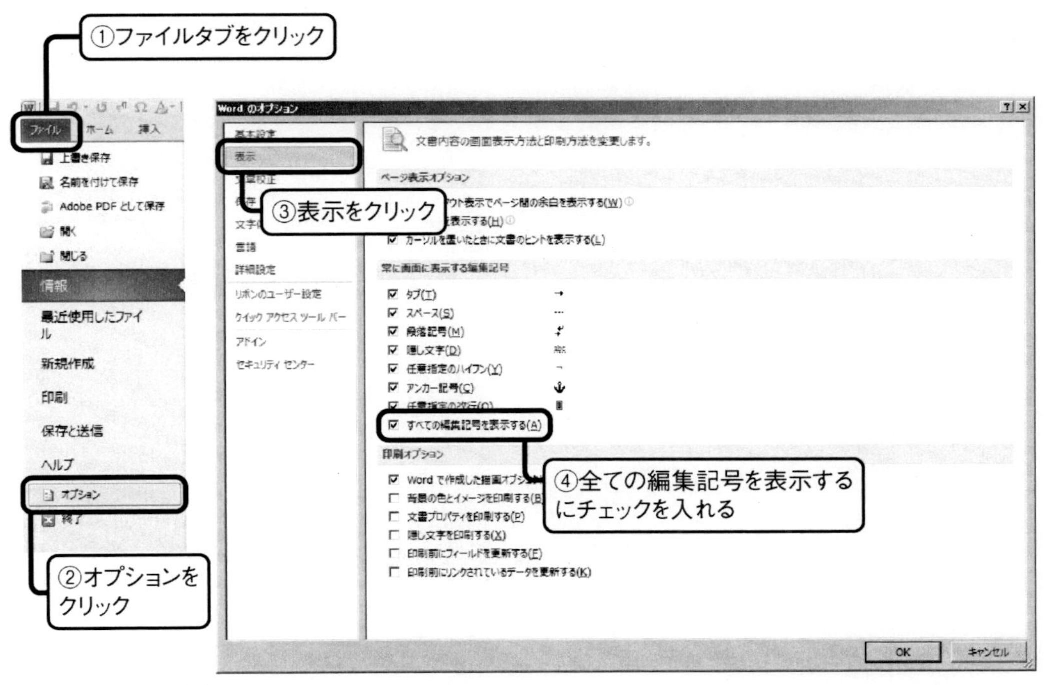


図 2 編集記号の表示設定

後の章で説明するが，編集記号を入力する際，編集記号の中にはカーソルの位置に挿入されないものもあるし，入力済みの編集記号を使い回したい場合もあるだろう．その場合は，挿入された編集記号をカット/コピー&ペーストで所望の位置まで移動させる必要が生じる．そのためには編集記号を表示しておかなければならない．また，編集記号を全て表示しておくと，余分な空白やタブが入っている事も認識できるので，無駄のない文書を作ることができる．

## 3.2 禁則処理の設定

前節で開いた**Wordのオプション**ダイアログの左メニューから**文字体裁**を選択して禁則処理のレベルを変更する．Wordの禁則処理は，長音や促音，拗音が文頭に来ることを許可する設定が標準になっているので，**禁則文字の設定**を**通常**から**高レベル**に変更する．高レベルの方が一般的と言い切っても問題ないだろう．**文字体裁オプションの適用先**を**すべての新規文書**にしておくと，文書を新規に作成する度にこの設定を行う手間を省くことができる[1]．

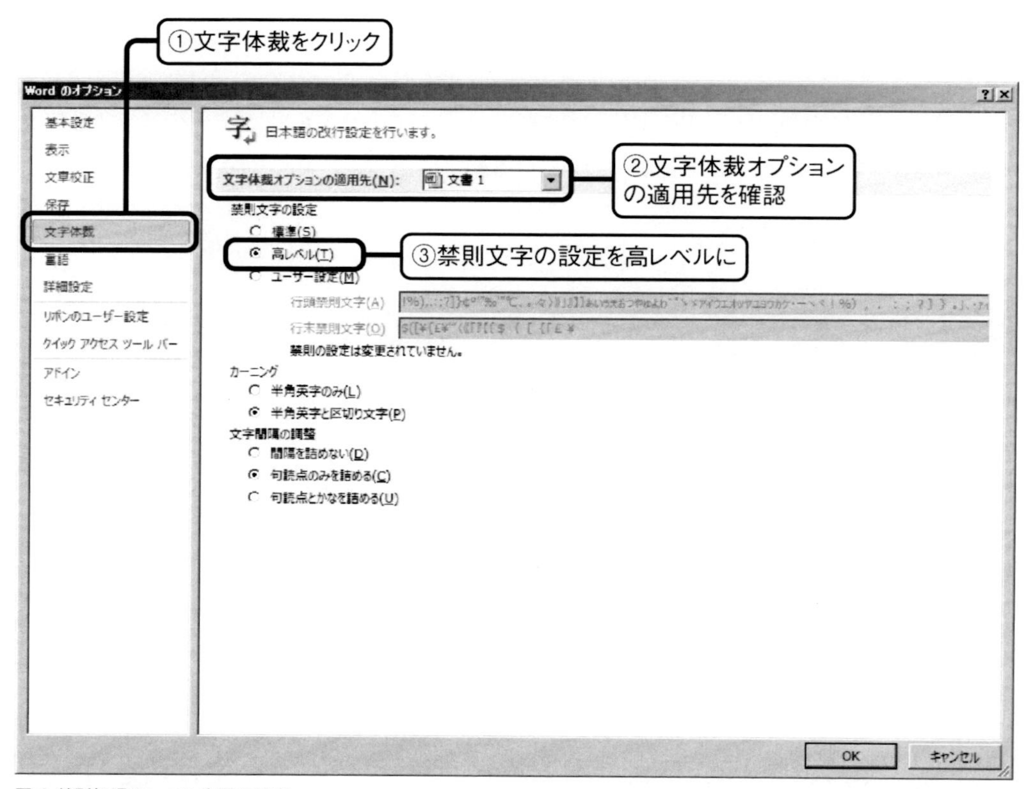


図 3 禁則処理のレベル変更の設定

1. 計算機依存の設定なので，自宅と職場，あるいはデスクトップとラップトップ等複数の計算機で Word を利用している場合は，計算機ごとに設定する必要がある．

## 3.3 半角文字と全角文字の文字幅の調整

これは足の裏の米粒を取る程度の些細な設定である．些細な変化しかないが，調整しないと少し気持ち悪い．この設定がどこに影響するのかというと，ソースリストである．ソースコードを掲載し，そこにタブによる空白や日本語コメントを入れると，等幅フォントを使っているにも関わらず，文字間隔が少しだけずれることがある．本小節では，その文字間隔がずれないようにする設定を行う．**Wordのオプション**ダイアログの左メニューから**詳細設定**を選択し，一番下の**互換性オプションの適用先**まで移動する．**レイアウトオプション**のメニューを展開し，**半角文字と全角文字の文字幅を調整する**オプションのチェックを外す．

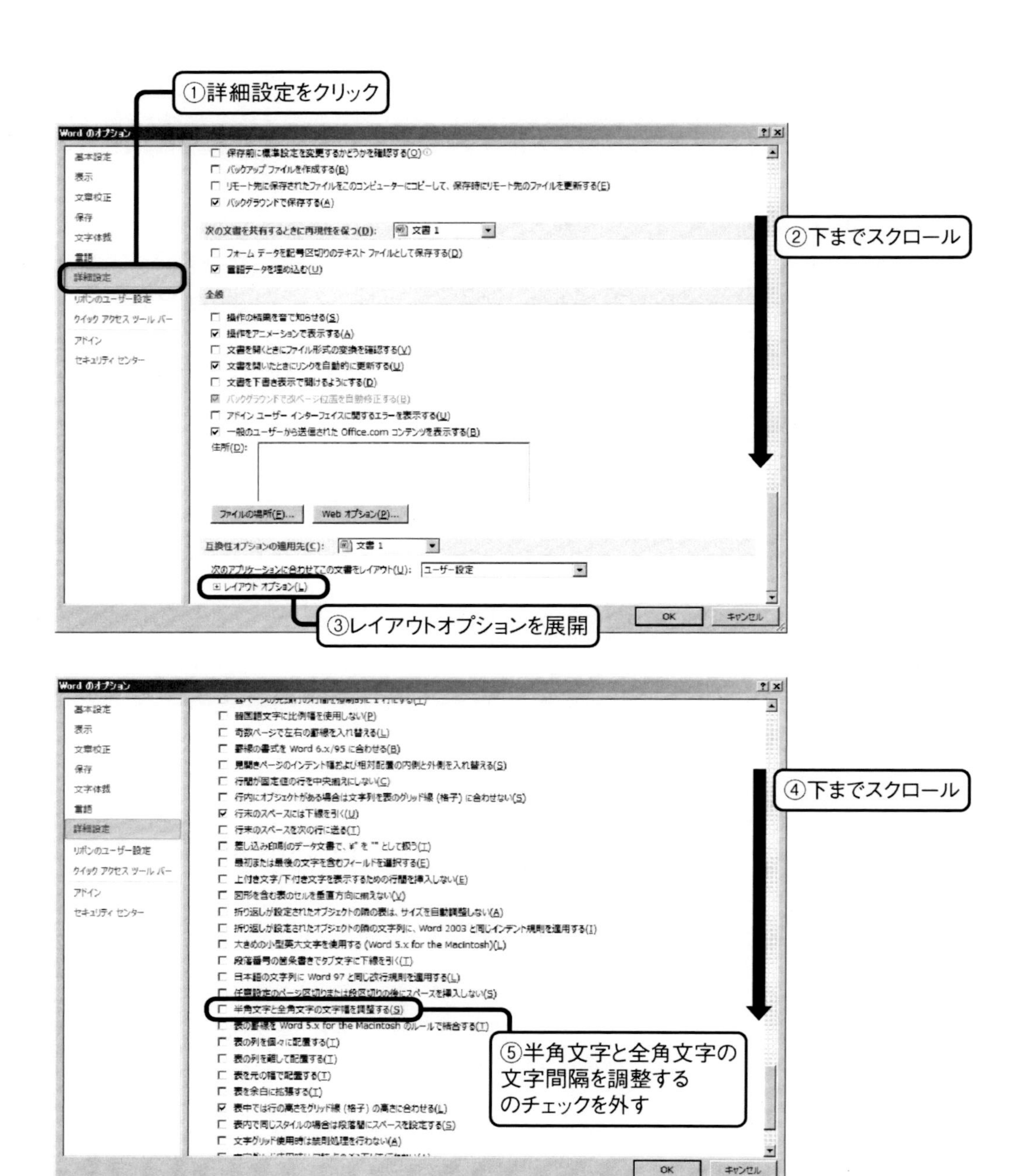


図 4 半角文字と全角文字の文字間隔調整オプションの設定

どのような効果があるかの例を図 5に示そう．これは著者らが開発しているプログラムのソースリストの一部である．このリストでは，英数字および半角スペースに等幅フォントであるConsolasを用いている．上から3行目，惑星の質量を取り扱う変数の宣言において，変数の型と変数名の間の空白が，当該オプションの有無で大幅に変化していることがわかる．

```
    type AstronomicalObject                          !惑星の情報を扱う派生型を定義
        type(Vector2d) :: posi, velo, accl           !惑星の位置，速度，加速度
        real(8)        :: mass                       !惑星の質量
        character(256) :: name                       !惑星の名前
```

(a) 半角文字と全角文字の文字幅を調整する場合

```
    type AstronomicalObject                          !惑星の情報を扱う派生型を定義
        type(Vector2d) :: posi, velo, accl           !惑星の位置，速度，加速度
        real(8)        :: mass                       !惑星の質量
        character(256) :: name                       !惑星の名前
    end type AstronomicalObject                      !
```

(b) 半角文字と全角文字の文字幅を調整しない場合

図 5 文字間隔調整の有無によるスペースの変化

## 3.4 使用単位の変更

ここでは，間隔に関係した単位を文字基準に変更する．同じく**詳細設定**をクリックし，中程にある**単位に文字幅を使用する**にチェックを入れる．この変更は必須というわけではないが，インデント幅や行間を調整する際に字数が基準単位になるので，mm 単位よりも仕上がりの結果を想像しやすくなるだろう．2.5 字というように小数も使用可能である．ただし，単位を文字幅に変えたとしても全ての単位が字に変わるわけではないし，単位まで明記すれば，mm 単位でも指定できる．

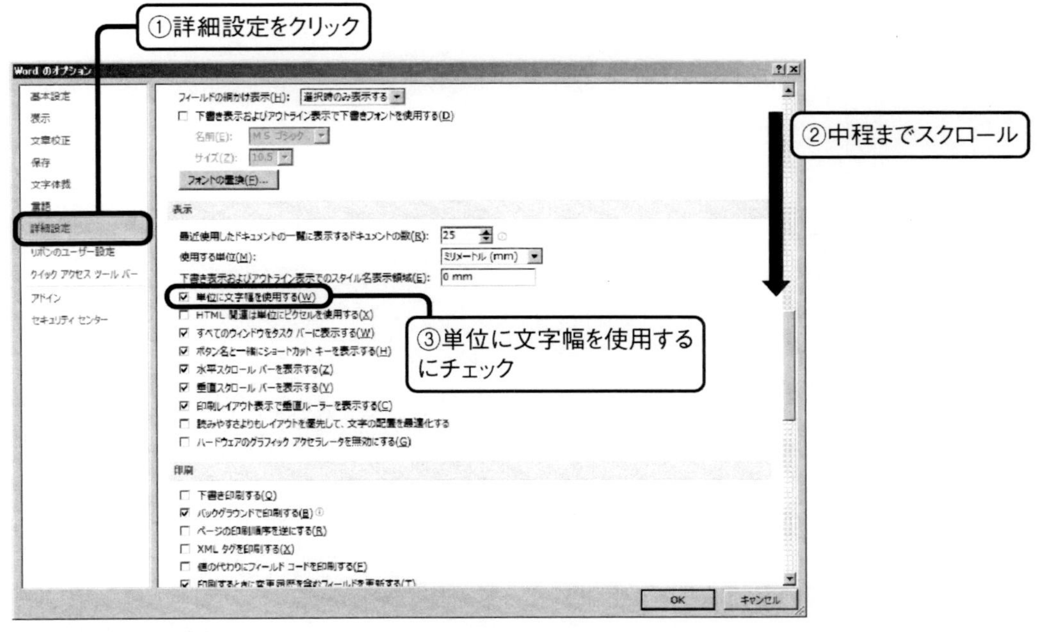


図 6 使用単位変更の設定

## 3.5 クイックアクセスツールバー

クイックアクセスツールバーはプログラムランチャに類似しており，Wordの機能をいくつか表示しておくことができる．リボンに表示されていない機能でもかまわない．タイトルバーに表示されるので邪魔になることはないし，目的の機能に到達するためにリボンを切り替える必要もなくなるので，積極的に利用していきたい．また，クイックアクセスツールバーに表示した機能には，**Alt+数字**からなるショートカットキーが割り当てられるので，それだけでも利用する価値は大いにあるだろう．**Wordのオプション**ダイアログを開き，**クイックアクセスツールバー**をクリックする．**コマンドの選択**のプルダウンメニューを展開し，**全てのコマンド**を選択する．コマンド一覧をひたすらスクロールして必要な機能を見つけたら，そのコマンドをクリックし，**追加ボタン**をクリックする．

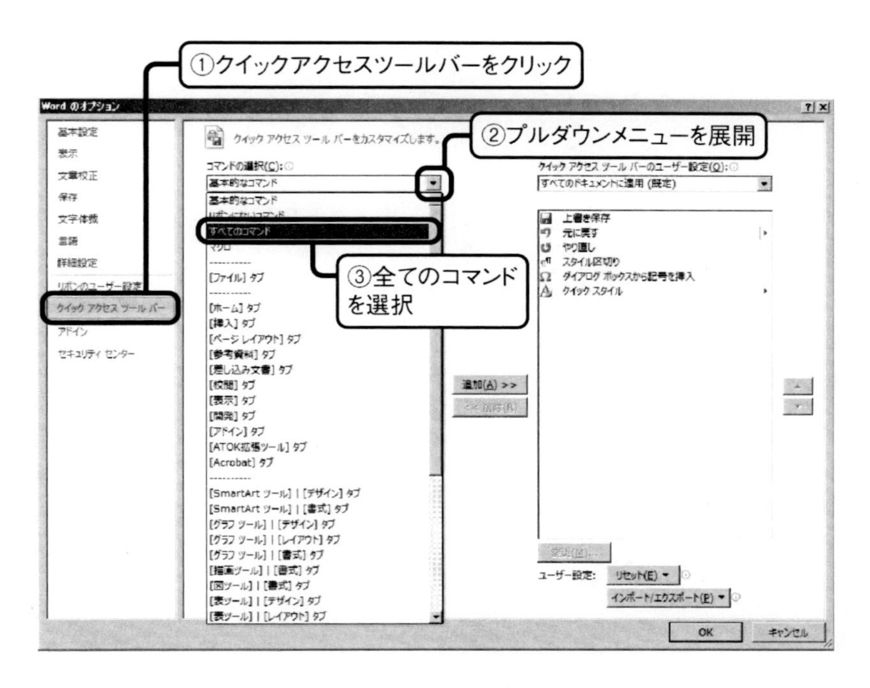


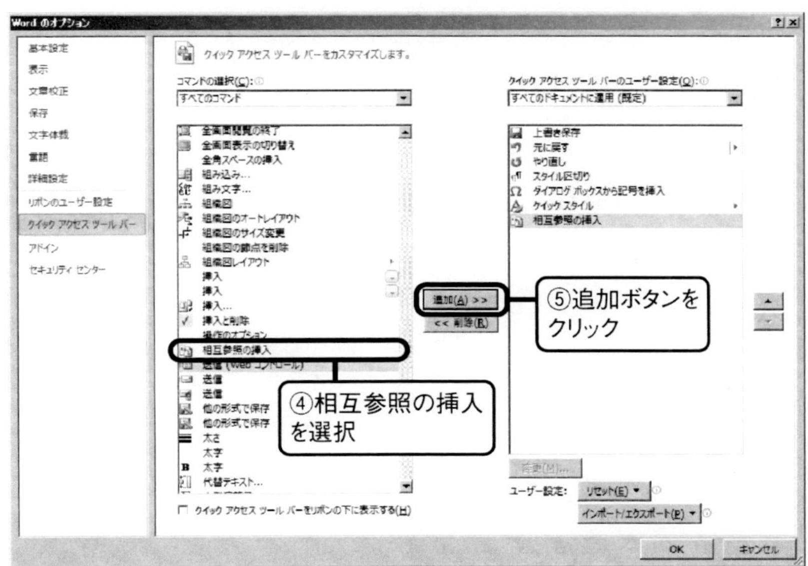


図 7 クイックアクセスツールバーへのコマンドの登録

図 8 クイックアクセスツールバーへ登録されたコマンドとショートカットキーの割り当て

図8にあるように，コマンドが追加される．Altキーを押すと，割り当てられたショートカットキーの数字を確認できる．著者らがクイックツールバーに表示している機能は，クイックスタイル，相互参照，記号と特殊文字あたりである．これらは読者自身の興味や利用頻度に応じて設定すればよい．

## 3.6 数式用フォントのダウンロード

Wordで数式を入力するにあたり，2種類の環境が選択できる．一つは多くの学生の時間を奪い取ってきた**数式エディタ**であり，もう一つはWord 2007から追加された**数式**である．**数式**では標準のフォントがCambria Mathに設定されており，Times系のフォントを使うには，新しくフォントをインストールする必要がある．**数式**から利用できるTimes系フォントとしてXITS Mathがある．ダウンロードURLは注釈[1]に示している．当該サイト下部のFilesにフォントファイルxits-math.otfがアップロードされているので，ダウンロードした後フォントファイルをダブルクリックして**インストール**ボタンをクリックするか，フォントファイルの右クリックメニューから，**インストール**をクリックする．Windows側の設定はこれで終了である．Wordの設定は，実際に数式を使うようになった段階（第7章）で説明する．

(a) ファイルの右クリックメニューからインストール

(b) フォントビューアからインストール

図9 数式用フォントのインストール

2. Comprehensive TeX Archive Network, https://ctan.org/tex-archive/fonts/xits/ (accessed at Oct. 1st)

# 第4章 文書デザイン

本章では，実際にWordを立ち上げてから執筆に至るまでに必要な設定について述べる．新規文書の標準フォントを決定し，ページの余白や行数といったページ設定を行い，その情報を文書テンプレートとして保存する．

## 4.1 文書テンプレートの作成

技術文書やレポートなどのドキュメントを執筆する場合，ある程度文書サイズや基本的なデザインは統一すると思われる．何回も同じような文書を作るにあたって，新規文書のデザインを毎回変更するのは非効率である．Wordには，デザインを文書テンプレートとして保存し，それを基に文書を新規に作成する機能がある．なお，Wordを起動した直後は，Normal.dotmという名前のマクロ有効化文書テンプレートファイルに基づいて文書が新規に作成されている．

まずは既存のテンプレート（通常はNormal.dotm）に基づいて新規文書を作成し，デザイン等を変更し，それを文書テンプレートとして保存するという手順で作成しよう．つまり，以下の手順で文書テンプレートを作成する．

1．Word文書を新規に作成する．
2．標準のフォントを設定する．
3．文書サイズや行数，文字数，余白を設定する．
4．スタイルを変更，あるいは新規に作成する[1]．
5．文書テンプレートファイルとして保存する．

これ一回きりという文書に対して文書テンプレートを作成するのは効率的ではないが，卒論や修論の場合は学部や学科，研究科で書式が決められている場合があるので，テンプレートを作っておくと「先輩パネェっす」と語り継がれるかも知れない．作らないにしても，ページ設定やスタイルの設定は行わなければならない．

Wordを立ち上げ，Normal.dotmに基づいて作られた文書に対して，上記手順で新たなテンプレートを作成していこう．

## 4.2 標準のフォント設定

標準のフォントはページレイアウトタブから決定する．**ページレイアウト**タブの**フォント**を

1. スタイルの数が多くなると，文書を書き出す前にスタイルの編集で疲弊してしまうので，ここは飛ばし，必要に応じてスタイルを追加していくのがよい．

選択するとメニューが展開され，標準のフォント設定が組み込みとして表示される．

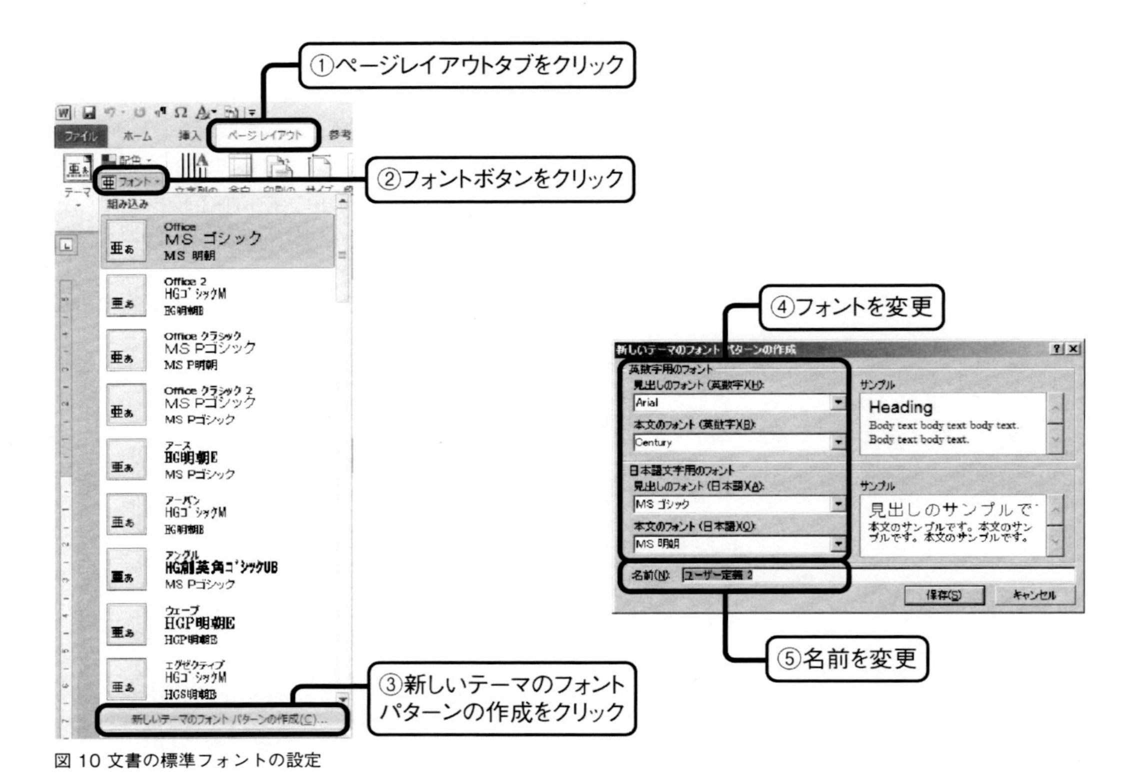

図 10 文書の標準フォントの設定

この組み込みの中に所望の設定があればそれを適用すればよい．無い場合は新しいテーマを作成する．メニュー下端の**新しいテーマのフォントパターンの作成**をクリックすると**新しいテーマのフォントパターンの作成**ダイアログが出てくるので，所望のフォントやサイズを選択する．設定したフォントパターンには名前を付けることができる．

執筆しながら何か違うと感じたら，いつでもこのやり方で変更できる．変更は直ちに反映されるので，あまり深く考えずに決めてしまおう．

## 4.3 ページ設定

フォントを決めたので，次はページ設定を行う．ページ設定では，まず用紙サイズを決定した後，余白を決める．その後文字数と行数を指定する．本書では，行数を若干少なくして行間を広げるようにしている．**ページレイアウト**タブから**ページ設定**ダイアログを開き，**用紙**タブから文書の用紙サイズを選ぶ．**余白**タブで上下左右の余白を決定し，**文字数と行数**タブでは，1ページあたりの行数と1ページあたりの文字数を設定する．基本的には行数のみを指定すればよい．

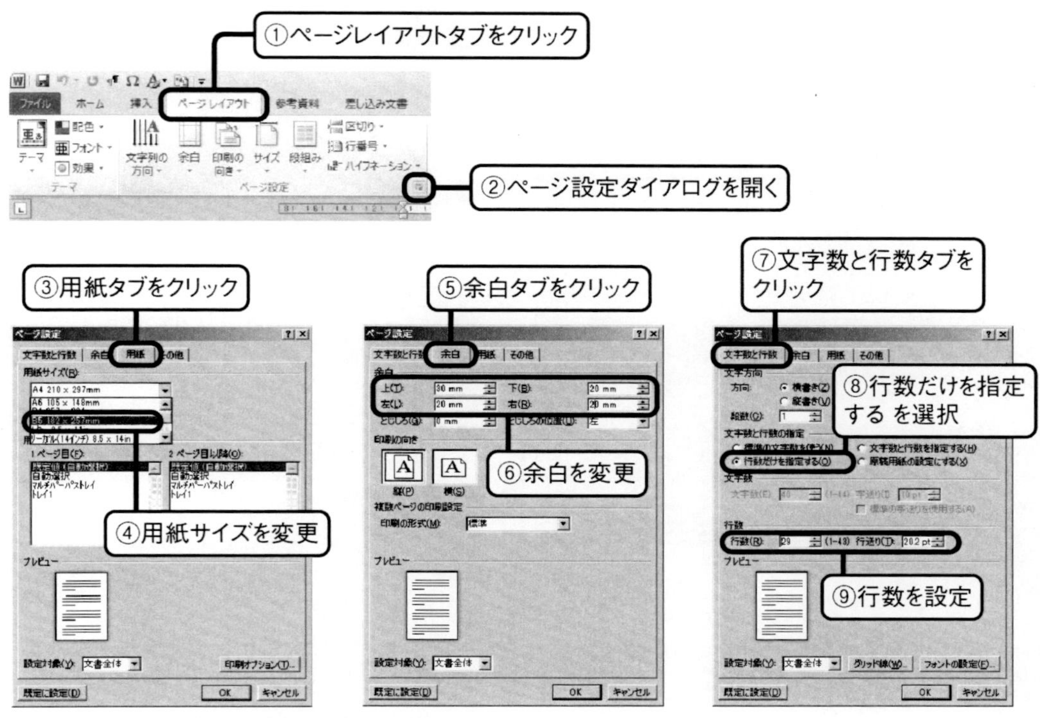


図 11 ページサイズ，余白，文字数および行数の設定

本書では詳しく述べないが，**ページ設定**ダイアログの**余白**で印刷の形式を選ぶことができ，それによって余白の付き方も変化する．印刷の形式には，標準，見開き，袋とじ，本（縦方向に谷折りあるいは山折り）を選ぶことができるので，意外に高機能である．

## 4.4 文書テンプレートファイルの保存

スタイル以外の設定は後々変更する事が少ないので，ひとまずテンプレートファイルとして保存をしておこう．文書テンプレートとして保存するには，**ファイル**タブの**名前を付けて保存**をクリックして**名前を付けて保存**ダイアログボックスを呼び出し，**ファイル名**を決定する．ここでは同人誌B5版とした．次に，**ファイルの種類**を**Wordテンプレート (*.dotx)** とする．著者らはマクロを使わないので，マクロ有効化テンプレートは選ばなかった．ファイルを保存する場所については，左のツリー表示のスクロールバーを上にスクロールすると，Microsoft Word→Templatesというフォルダがあるので，そこに保存する．

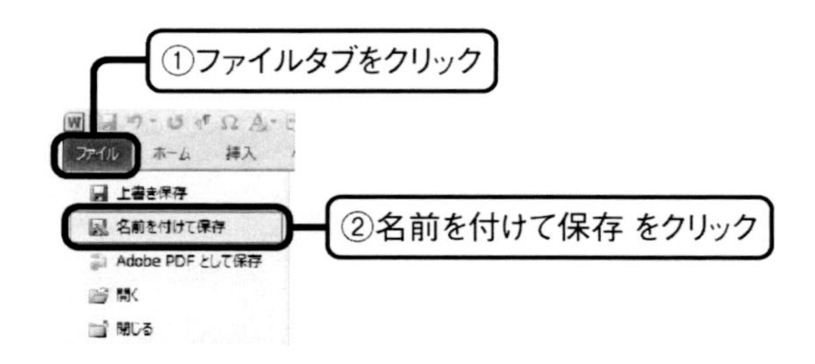


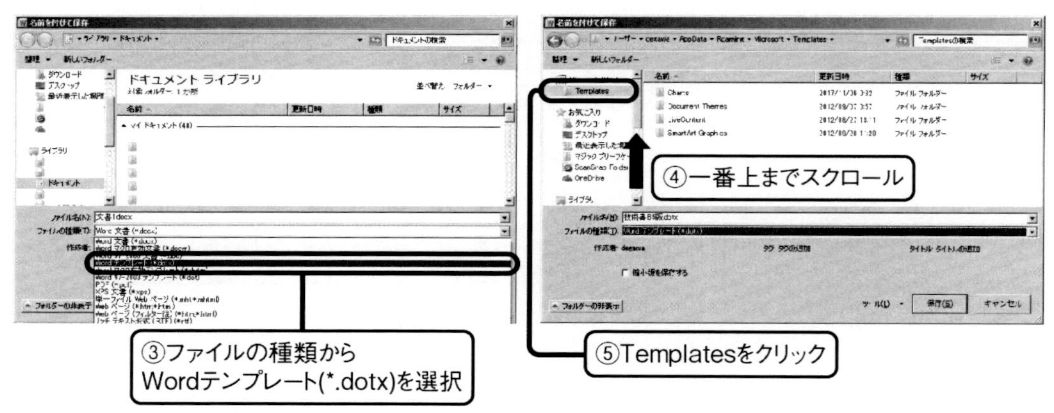


図 12 文書テンプレートファイルの保存

保存ができたら，一度Wordを閉じて開き直し，**ファイル**タブの**新規作成**から**マイテンプレート**を選ぶと，**新規**ダイアログボックスの中に先ほど保存したテンプレートが存在しているはずだ．当該テンプレートを選択すると，文書テンプレートの設定が反映された文書が新規に作成される．

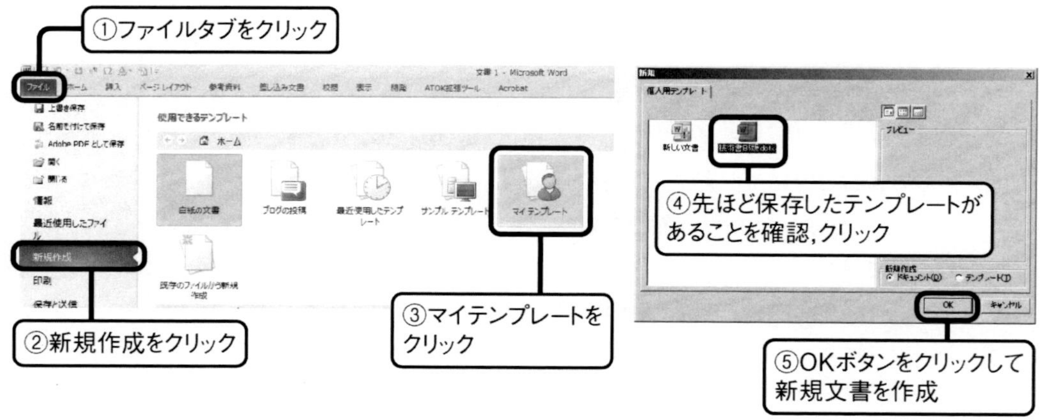


図 13 文書テンプレートを選択して新規文書を作成

## 4.5 スタイルの作成

さて，文書の基本的な設定は終えたので，執筆する内容の構造およびデザインに対応したスタイルを追加していこう．本書が技術文書（主には技術書，学位論文，学会講演論文等）を対象としていることを考えると，表1に示すような項目を書いて，フォーマットの指定に対応していくことになろう．

表1 想定されるスタイルと用途

| 用途 | スタイル | 備考 |
|---|---|---|
| 本文 | 本文，本文（インデントなし） | |
| 見出し | 見出し1，見出し2，見出し3 | |
| 概略 | リード文，Abstract，Keywords | リード文は書籍のみ．Abstract，Keywordsは論文のみ． |
| 題目等 | 題目，著者名，著者所属，奥付 | 著者所属と奥付は文書の種類によって使い分ける． |
| 本文装飾 | 箇条書き，連番リスト | |
| 資料 | 図題目，表題目，ソースリスト，リスト題目，脚注，文献一覧 | |

Wordでは本文に**標準**スタイルを使うのが一般的であるようだが，第2章で示した例文を書くには，インデントの有無を切り替えなければならない．そのため，**標準**スタイルを参考に，インデントありの**本文**スタイルを作成し，さらに**本文**スタイルを参考にして**本文（インデント無し）**スタイルを作成した．書籍と論文では必要とする項目が異なる．リード文は書籍にしかいらないだろうし，AbstractやKeywordsはジャーナル論文，学会講演論文でしか出番はないだろう[2]．これも用途に応じて決めればよい．

上記スタイルは，著者が使っているというだけで，これらの作成を強制するものではない．必要になったときにスタイルを新たに追加すればよいし，無駄なスタイルは作らない方がよい．また，本文執筆中にデザインを変えたくなることもあると思われる．その場合はスタイルを変更するだけでよい．当該スタイルが適用された箇所に変更が反映されるので，気軽に変更できるし，やってみるとこれが結構楽しい．

### 既存スタイルの変更

では**本文**スタイルを例に，既存スタイルの変更方法を示そう．図14に沿って**ホーム**タブから**スタイルウィンドウ**を呼び出すと，Wordの画面右にスタイルの一覧が表示される．登録されているスタイル全てが表示されているわけではないので，スタイル一覧を見るために，ウィン

2. 学位論文でもAbstractを書くことを求められる場合があるが，その場合は指定された書式に沿ってスタイルを作成すればよい．

ドウ下に並んでいるボタンの右端をクリックし，**スタイルの管理**ダイアログを呼び出す．編集するスタイルの選択のスクロールバーをひたすら下へ動かすと，**本文**スタイルが存在するはずだ．**本文**スタイルをクリックして選択された状態にし，**変更**ボタンをクリックすると**スタイルの変更**ダイアログが現れる．

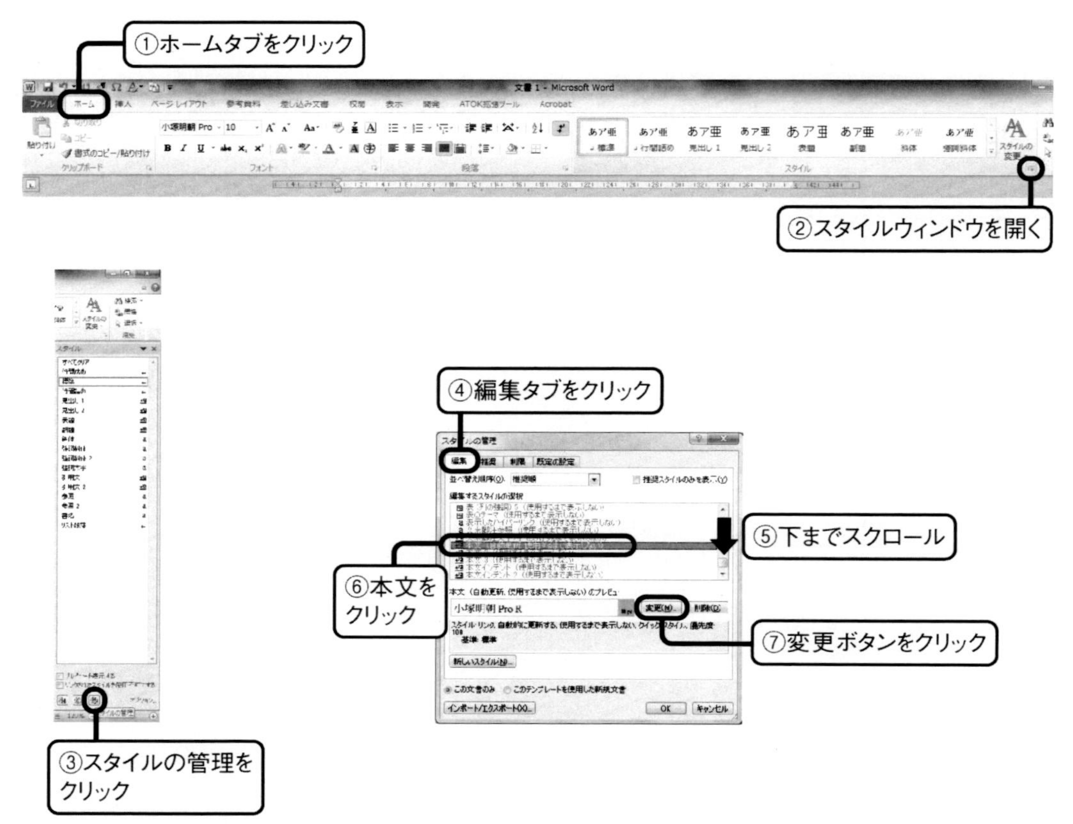


図 14 既存スタイルの設定の変更

下方にある，**このテンプレートを使用した新規文書**を選択すると，作成した文書テンプレートにもこれ以降の設定が反映される．ダイアログ左下の**書式**ボタンをクリックすると設定できる項目が展開されるので，**段落**をクリックして編集する．**段落**ダイアログの**インデントと行間隔**タブでは，段落冒頭で1字字下げするように変更する．**体裁**タブでは，日本語と英字/数字の間隔を自動調整しないよう，チェックを外している．その他の項目については特に変更することはないので，**OK**を押して**段落**ダイアログをとじ，**スタイル変更**ダイアログの**OK**ボタンを押して設定を完了する．このとき，**スタイル変更**ダイアログの**自動的に更新する**のチェックは外しておいた方がよい．

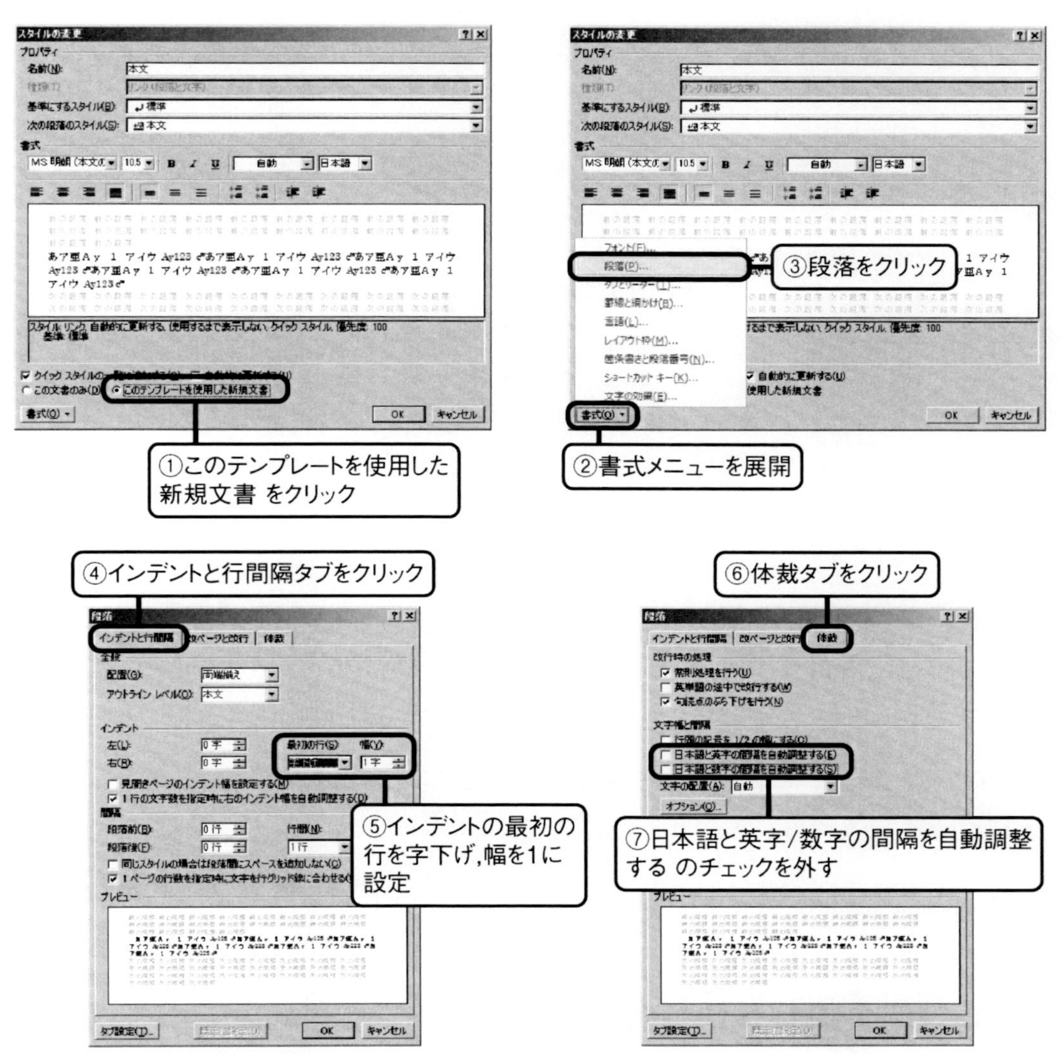


図 15 本文スタイルの変更項目と手順

これで**本文**スタイルの変更は終了したが，この状態では**本文**スタイルがスタイルウィンドウに表示されず，使うことはできない．よくよく見ると，スタイル名が本文（自動更新，使用するまで表示しない）となっている．スタイルが表示されないので使いようがないのに，使用するまで表示しないとはどういうことか！？これを解消しよう．**スタイル管理**ダイアログで**本文**スタイルを選択された状態にし，**推奨**タブに切り替える．**推奨**タブにある**表示**ボタンをクリックすると，スタイル名後部の丸括弧内にある，使用するまで表示しないという表示が消え，常にスタイルウィンドウに表示される．推奨の度合いが低となっているので，**値の割り当て**ボタンをクリックして値を割り当て，優先度を調整する．この値が小さいほど優先度が高い．

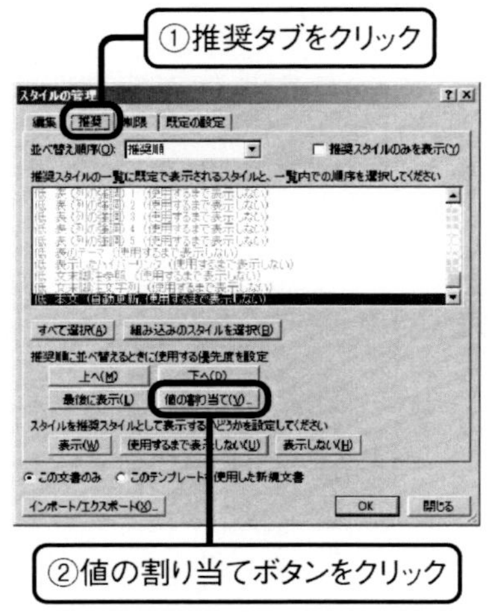


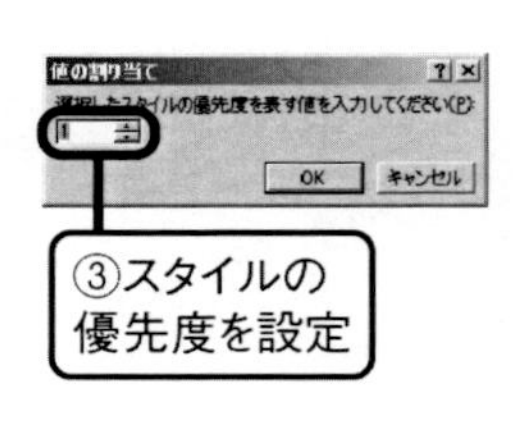


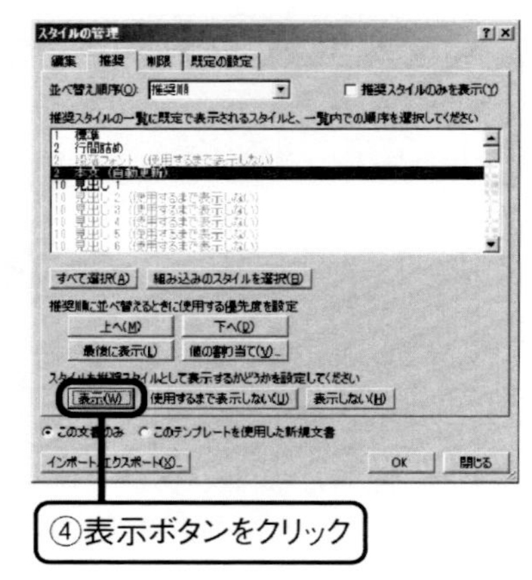


図 16 スタイルの優先度の設定

なお，必要ないと思われるスタイルについては，当該スタイルを選択して**表示しない**ボタンをクリックすれば**スタイル**ウィンドウに表示されなくなる．

### スタイルの新規作成

**本文**スタイルを作成したので，次に**本文**スタイルを基にして**本文（インデント無し）**スタイルを作ろう．

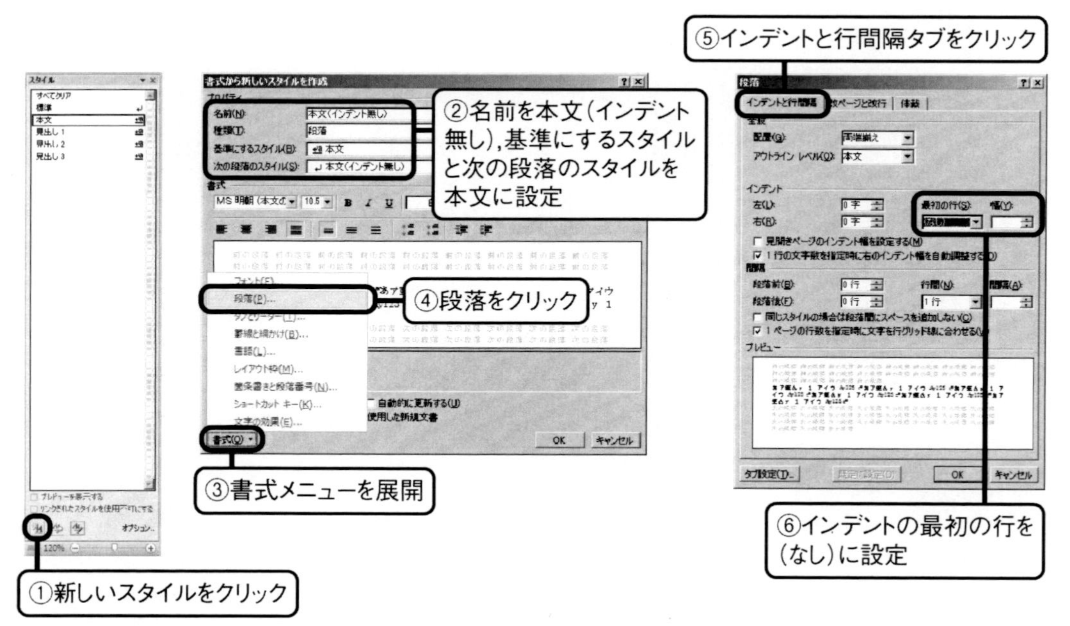


図 17 新しいスタイルの作成

**スタイル**ウィンドウにおいて，**本文**を選択した状態にして**新しいスタイルボタン**をクリックすると，**書式から新しいスタイルを作成**ダイアログが現れる．名前を**スタイル1**から**本文（インデント無し）**に変更し，次の段落のスタイルを**本文**に変更する．エンターキーを入力するときは，その文法的段落を終えて新しい文法的段落を始めるときであるという想定に基づく．この状態では，**本文（インデント無し）**は**本文**スタイルと全く同一である．インデントしないようにするために，**書式**から**段落**ダイアログを表示し，最初の行のインデントをなしにする．それぞれ**段落**ダイアログと**書式から新しいスタイルを作成**ダイアログの**OK**ボタンをクリックしてスタイルの新規作成を完了する．スタイルの優先度の調整は，前項を参考に行う．

### クイックスタイルへの登録

これらを設定するときに，是非ともクイックスタイルへ登録しておきたい．クイックスタイルとは，**ホーム**タブに表示されているスタイル一覧のことである．ここに表示させておくとスタイルの選択が容易になる．クイックスタイルに表示するには，スタイルの変更ダイアログを開き，**クイックスタイルの一覧に追加する**をチェックする．

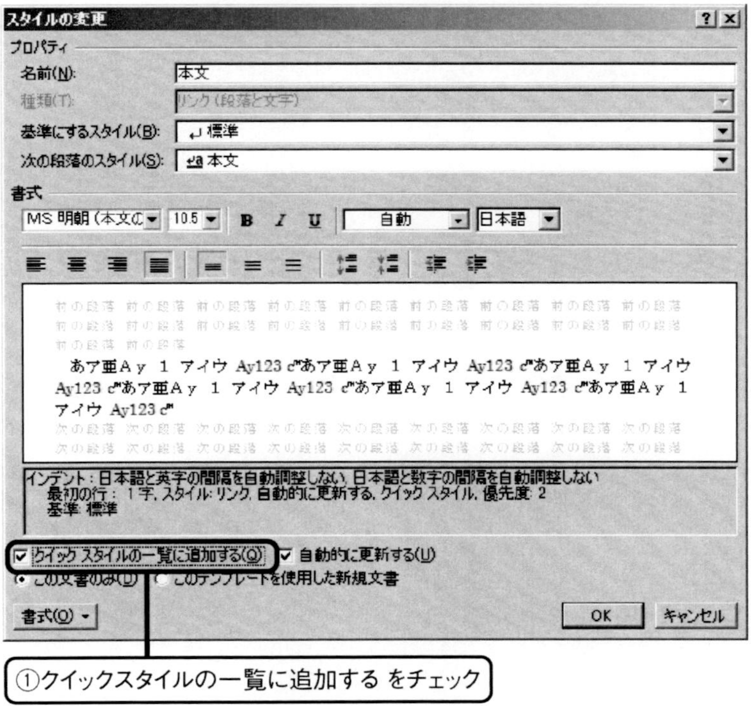

①クイックスタイルの一覧に追加する をチェック

図 18 クイックスタイルへの登録

クイックスタイルに表示させない場合は，当該スタイルを適用・変更する際にいちいち**スタ**

**イル**ウィンドウを開くことになる[3]．クイックアクセスツールバーにクイックスタイルを表示しておくと，クイックスタイルに登録したスタイルの適用が各段に手軽になる．スタイルには個別にショートカットキーを割り当てることもできるのだが，WindowsやWordの機能にショートカットキーが割り当てられているので，全てのスタイルに割り当てられるほど空きがあるわけではない．クイックスタイルをクイックアクセスツールバーに表示して使用している様子を図19に示す．図中にカーソルは見えないが，カーソルがある位置のスタイルは**本文**であることがクイックスタイルからわかる．スタイルを**見出し2**に変更したい場合には，このクイックスタイルから**見出し2**を選択すればよい．

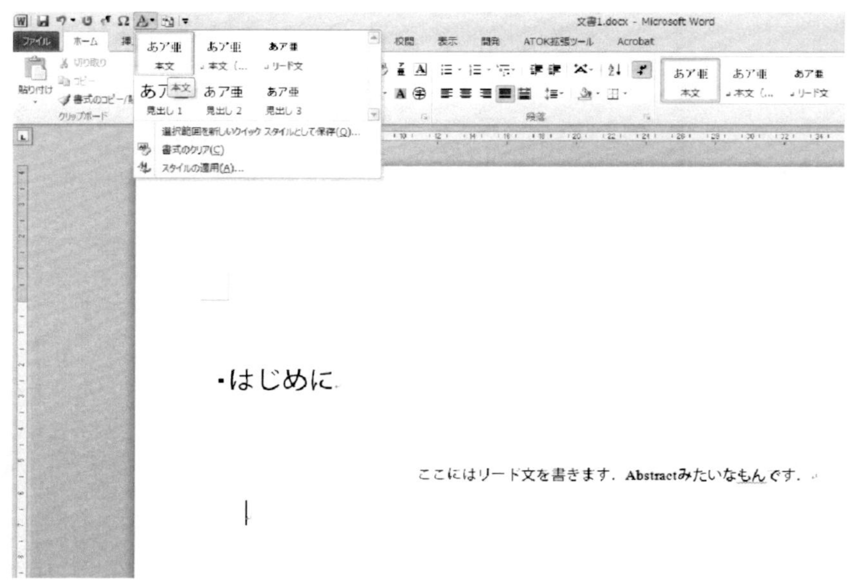


図19 クイックアクセスツールバーに登録されたクイックスタイルの利用

できなかったこと

ここまでは，スタイルを使えばデザインに関しては何でもできるような論調で書いてきたが，無論できなかったこともある．

一つは，前後の段落の内容に応じて見出し上下の間隔を自動で調整することである．例に示すように，見出し1と見出し2を続けて書いた場合，見出し1下と見出し2上に間隔が設けられる．これは間隔が開きすぎているので，見出し1と見出し2を続けて書いた場合のみ見出し1下の間隔を0にしたいのだが，そのような設定は，著者らが調べた範囲では見つからなかった．

3. ディスプレイが広ければスタイルウィンドウを表示しっぱなしにするのもよい．

見出し１

見出し２

見出し１と見出し２のスタイルを複製し，それらスタイルの段落前後の間隔を0字にして利用するという手もあるが，それはちょっと場当たり的である．しかし，どうしても見出し１と見出し２の間隔を詰めたい場合にはそうせざるを得ないだろう．

もう一つできなかったことは，見出しの長さの自動調整である．例えば，緒言や結言など短い見出しは5字程度の幅に均等に割り付け，それを超える場合には文字間隔の制御を行わないというスタイルである．

1.　緒　　　言

2.　比較的長い見出し

このようなスタイルは，見出しをセンタリングする書式でよく見られる．後のチュートリアル（第12章）で述べるが，文字の均等割付機能を用いて手動で再現している．

# 第5章 執筆

文書の基本的な書式が決まり，スタイルによってデザインを制御できることがわかったので，いよいよ執筆に入ろう．本章では執筆に利用できる機能を紹介する．

## 5.1 アウトラインとナビゲーション

Wordを立ち上げると，図 20(a)に示す，あたかも紙に文字を書いていくかのような画面が現れる[1]．この表示モードを印刷レイアウトモードという．何らかの長い文書を作成する際に，最初から順序よく書き出して，最後まで一気に書き切る人はそうそういないだろう．書きたい，あるいは書くべき項目を考えて見出しとして書き下し，各見出しの本文を徐々に増やしていくのではないだろうか．そのような書き方をする場合は，図 20(b)のアウトラインモードが非常に有用である．

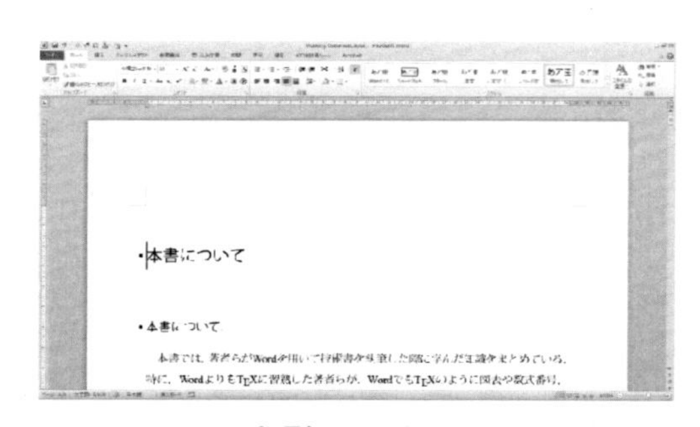

(a) 印刷レイアウトモード

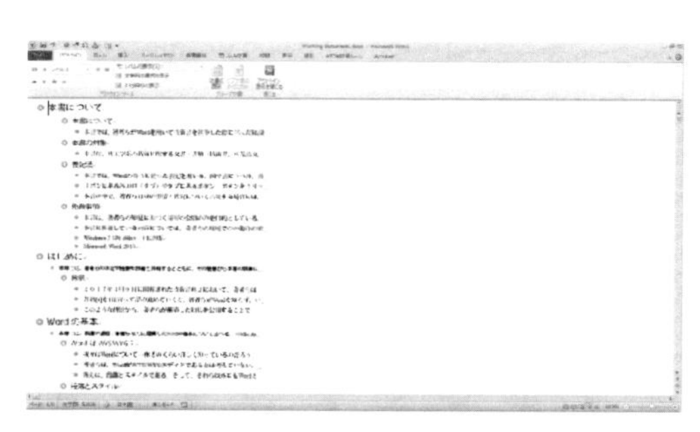

(b) アウトラインモード

図 20 印刷レイアウトモードとアウトラインモード

アウトラインモードでも作業できる内容はさして変わらず，見出しや本文の記述，数式や記号の挿入等が可能である．それ以外には，本文の折りたたみと展開，見出しレベルの調整（レベル 1 をレベル 2 に変更する等）や，見出しや本文等各項目の前後移動ができる．

アウトラインモードに切り替えるには，**表示**タブから**アウトライン**を選択するか，ショートカットキー **Alt+Ctrl+O** を利用する．アウトラインモードに切り替えると，見出し 1 を記述する状態になる．これはアウトラインモードへの切り替えに伴って現れる**アウトラインタブ**の**ア**

1. 当然ながら，そのような画面になるかは各個人の環境に依存する．

**ウトラインツール**で確認できる．見出し１の項目を書いてエンターキーを押すと，次の見出し１の項目が書けるようになる．このまま見出しを書き続けて擬似的な目次を作成してもよいし，見出し１を記入する状態でTabを入力すれば，見出しのレベルが一つ下がる（章から節にかわる）．ショートカットキー（**Alt + Shift + →**）も利用できる．レベルは9まで用意されており，レベルを上げるには，**Shift + Tab** もしくは **Alt + Shift + ←** を利用する．見出し以外には本文というレベルがあり，見出し以外（本文，リード文やAbstract，図表等）は本文レベルにする．[2]

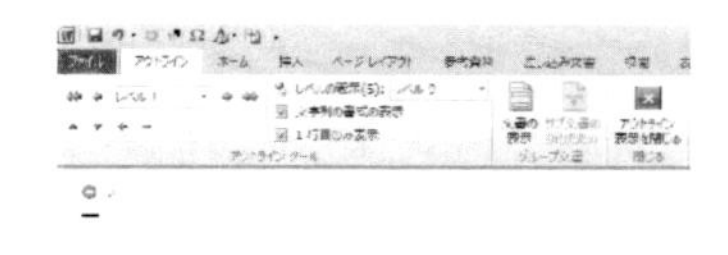

(a) アウトラインモード切り替え直後

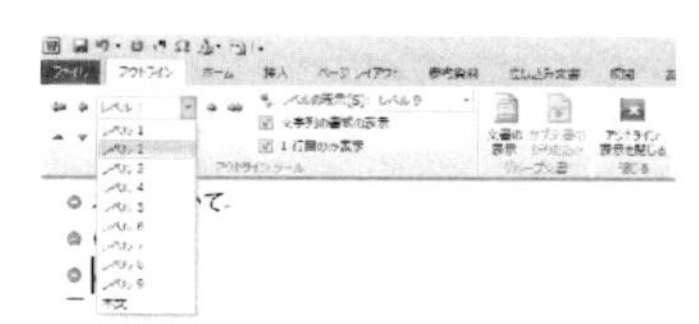

(b) 見出しレベルの変更

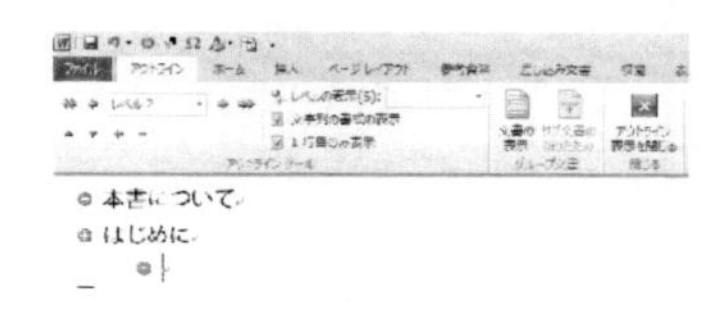


(c) 異なる見出しレベルの表示

図 21 アウトラインモードでの見出しの作成

項目の順序を変更したい場合は，当該項目までカーソルを移動させ，ショートカットキーを使って項目を文書の前方あるいは後方に移動できる．聡い読者は予想が付いているかもしれないが，その予想通り，ショートカットキーは **Alt + Shift + ↑**（文書の前方に移動）および **Alt + Shift + ↓**（文書の後方に移動）である．この移動機能は，カーソルのある見出しのみを移動させるので，ある見出しの下位レベルに書かれた項目全てを移動させるには，行頭の「+」マークをダブルクリックしてアウトラインを折りたたむか，マウスで移動させたい項目を選択し，移動させる．

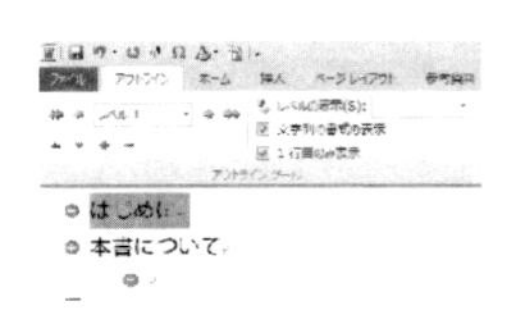


(a) 見出し1の移動

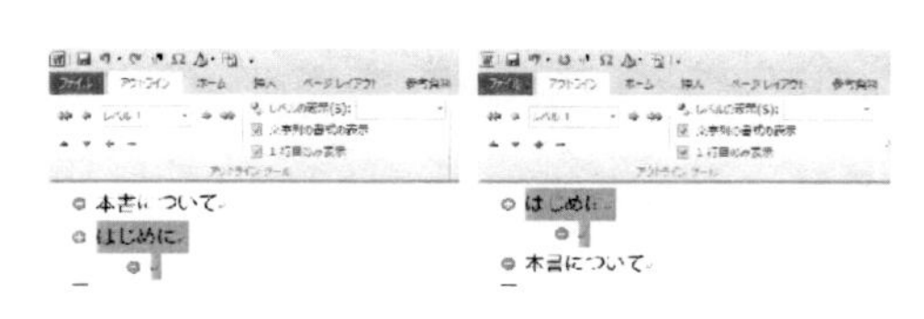


(b) 見出し1, 2の移動

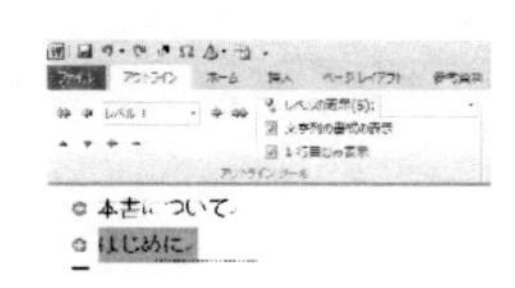


(c) アウトラインの折りたたみ

図 22 アウトラインモードにおける見出しの移動

アウトラインモードで見出しを作成しておけば，印刷レイアウトモードでも同様の事が可能である．印刷レイアウトモードでの作業中に，**表示**タブから**ナビゲーションウィンドウ**にチェックを入れると，見出しの項目が一覧で表示される．そこから各見出しへ移動できるし，ドラッグ＆ドロップで見出しの位置を文書の前後に移動させることもできる．

2. なお，目次に表示したくない見出し（本書について等）も，本文レベルにすれば目次には表示されなくなる．しかし，アウトラインモードで内容を吟味している段階では見出し１のレベルを使った方が，本文を折りたためたり，後述するナビゲーションウィンドウで移動できたりと，何かと都合がよい．

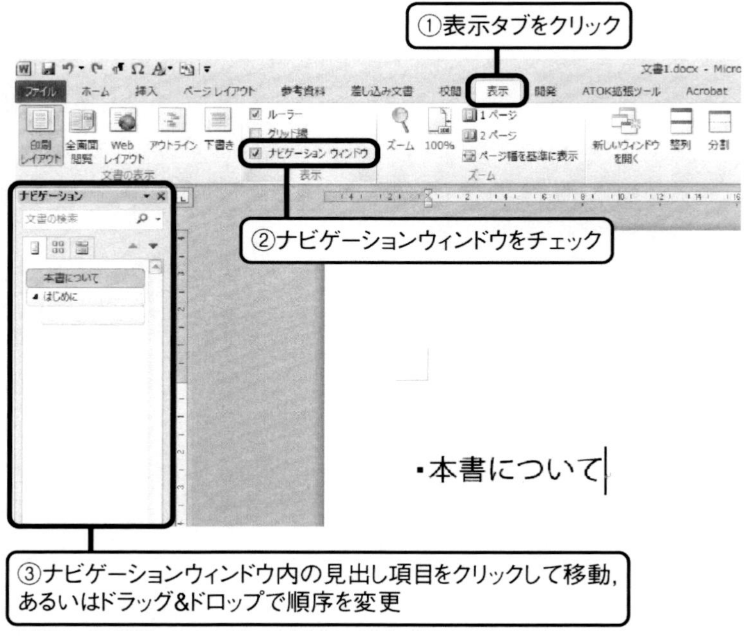

図 23 印刷レイアウトモードにおけるナビゲーションウィンドウと見出しの利用

## 5.2 記号の入力

技術文書では，ひらがな，カタカナ，漢字，アルファベット以外に記号を取り扱う場面が多々ある．その中でも多いのは，ギリシャ文字や数学記号であろう．Wordでは，記号は**挿入**タブの**記号と特殊文字**から入力する．

**記号と特殊文字**ボタンをクリックすると，利用した記号の履歴が20件分表示されるので，その中に入力したい記号があれば，それを選択する．**その他の記号**を選択すると，**記号と特殊文字**ダイアログが表示される．ショートカットキーによる入力も一応可能である．**記号と特殊文字**ダイアログから所望の記号を探すと，その文字に割り当てられた文字コードが書かれている．その文字コードをWordの本文中に入力して選択し，Alt+Xを押すと記号に変換される．たとえば，Not Equal To記号を入力するには，2260を入力して選択状態にし，Alt+xを押す．使用頻度の高い記号についてはショートカットキーを用いた入力方法が異なる場合もある．文字コードも簡単ではないので，よく利用する記号は履歴に残した方が効率的だと思われる．

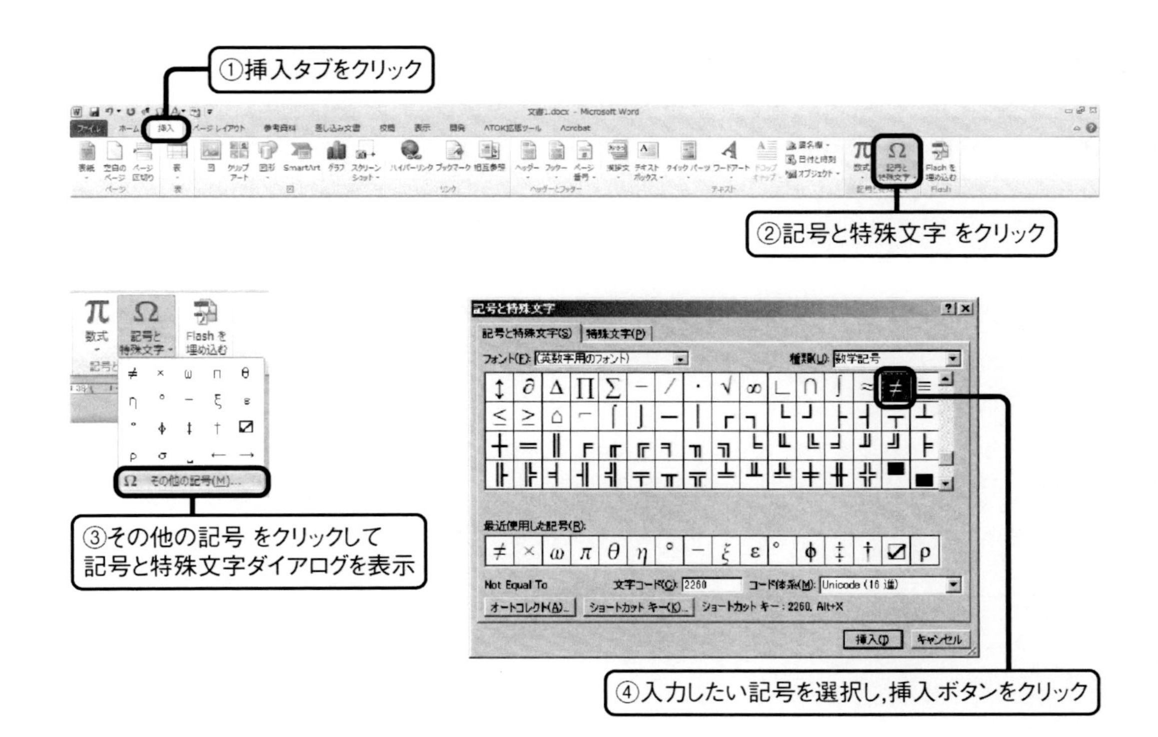


図 24 記号の入力

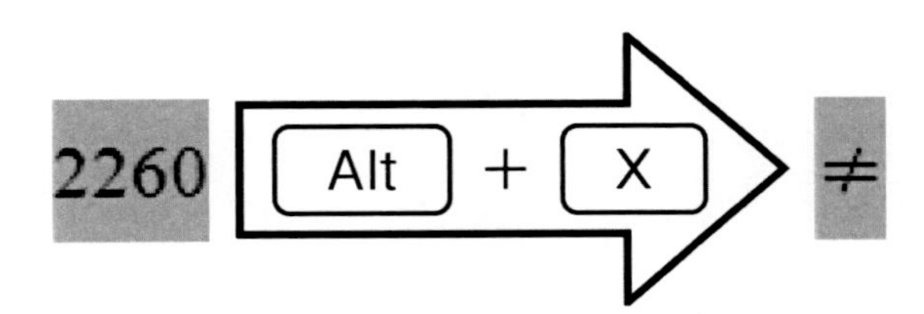


図 25 文字コードとショートカットキーを利用した記号の入力

ギリシャ文字のフォントについて

ギリシャ文字の入力については，著者らはこれまでSymbolフォントを用いてきた．アルファベットを入力し，フォントをSymbolに変更することで対応するギリシャ文字を表示することができた．表 2はその対応表である．しかし，電子書籍などSymbolフォントがない環境では文字化けしてしまう．また，フォントがある環境であっても，コピー&ペーストの際に化けることがある．

表 2 アルファベット（上段）とSymbolフォントによるギリシャ文字（下段）の対比

| a | b | c | d | e | f | g | h | i | j | k | l | m | n | o | p | q | r | s | t | u | v | w | x | y | z |
|---|---|---|---|---|---|---|---|---|---|---|---|---|---|---|---|---|---|---|---|---|---|---|---|---|---|
| α | β | χ | δ | ε | φ | γ | η | ι | φ | κ | λ | μ | ν | ο | π | θ | ρ | σ | τ | υ | ϖ | ω | ξ | ψ | ζ |

ギリシャ文字の入力を記号から行うと，著者の利用用途の範囲では全てのフォントでギリシャ文字を入力できる．しかし，フォントに依存した記号も存在するので，使用する際には注意が必要である．例えば，縦3点リーダー（⋮，Tricolon）は，小塚明朝 Pro等日本語フォントには存在しているが，Times News Romanには存在しなかった[3]．

特殊な制御文字

**記号と特殊文字**ダイアログから，いくつかの制御文字を入力できる．技術文書では，**改行なし**の使用頻度が高いと思われる．文献を引用する際，引用箇所に文献番号を記載する引用スタイルを採用していると，文献番号で次の行に送られてしまうことが多々ある．下記例文のように文献番号を上付き添え字で引用している場合，引用文献番号が文頭に送られると非常に不格好である．本文と引用文献番号の間に**改行なし**を入力しておくと，その箇所では行が送られず，前の文字と結合されたかのような状態で次の行に送られる．

文献番号によって引用を表すスタイルでは，文頭に引用番号が送られると不格好である[(1)]．
文献番号によって引用を表すスタイルでは，文頭に引用番号が送られると不格好である
[(1)]
．改行なしを挿入すると前の文字と分離されなくなり，必ず同じ行に存在する．

**改行なし**以外には，**改行なしスペース**，**改行なしハイフン**も使う場面があると思われるが，本書では**改行なし**のみを利用している．

3. その代わり，縦に４点ならんだ Vertical four Dots という記号が存在している．

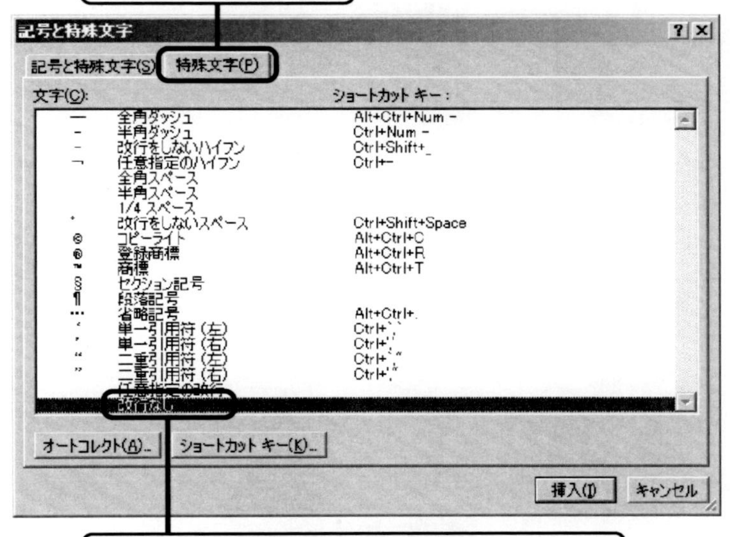

図 26 特殊文字の入力

## 5.3 連番および箇条書き

連番や箇条書きも評判の悪いWordの機能である．番号を書いてエンターキーを押下するやいなや，勝手に連番にされるので，その都度修正している読者も多いだろう．

Wordで連番や箇条書きを正しく取り扱うには，**ホーム**タブの**箇条書き**あるいは**段落番号**を利用するのではなく，新しくスタイルを作成する．新しくといっても，既に説明しているように，既存のスタイルを基に**箇条書きと段落番号**の設定を行うだけである．なお，**箇条書き**というスタイルは既に存在しているので，既存スタイルの変更手順は4.5節を参照にされたい．

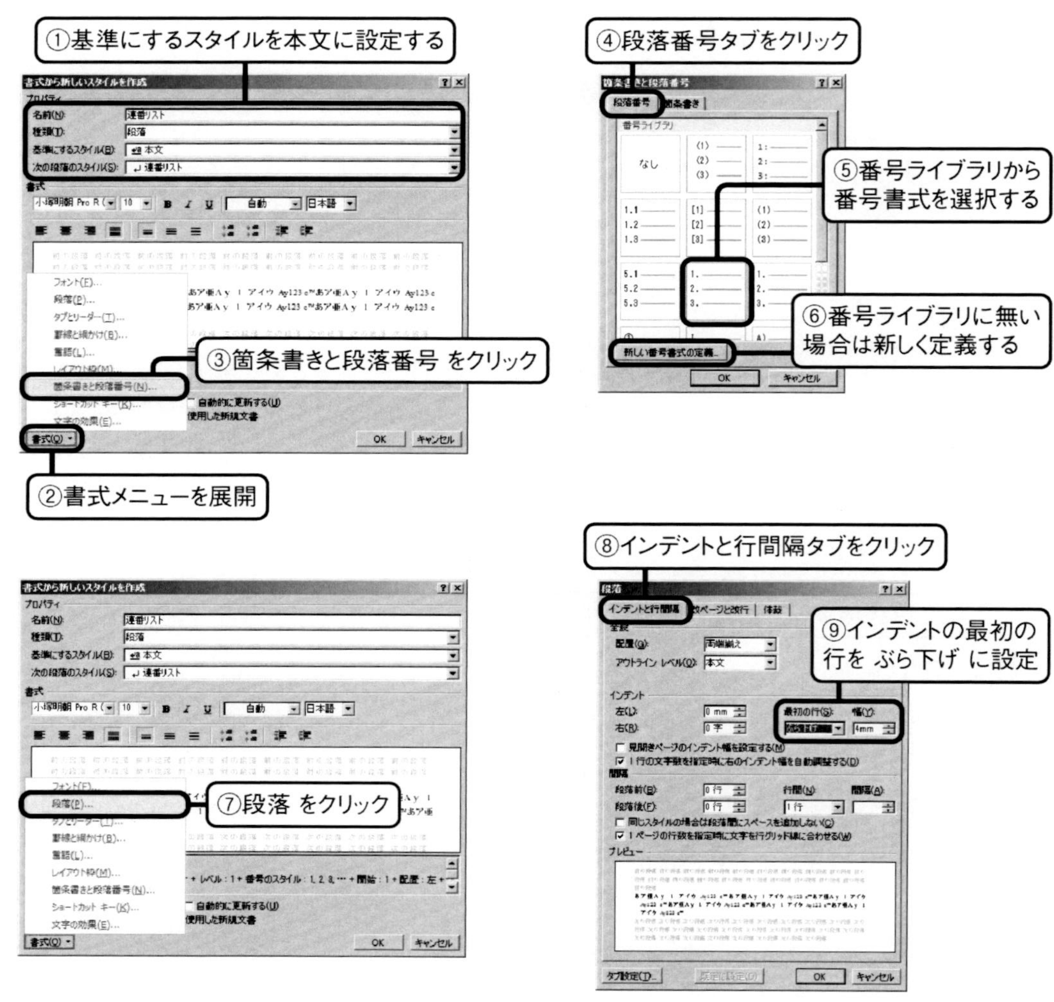


図 27 箇条書き用スタイルの作成

スタイルを作成したら，箇条書きにしたい文を選択し，スタイルを適用すると連番もしくは箇条書き記号が付与される．

## 5.4 見出し番号（章番号）の付与

デザインに関することは全てスタイルで行ってきたが，見出し 1 レベルのスタイルや見出し 2 レベルのスタイルに番号を付与する設定は，スタイルからではなく**ホーム**タブの**アウトライン**から設定する．おそらく，見出し全て（レベル 1 から 9）に関係するためであろう．**ホーム**タブの**アウトライン**をクリックするとメニューが展開される．リストライブラリに所望のデザインがあればそれをクリックするだけで，章番号，節番号などが付与される．もっとデザインに凝りたいという場合には，**新しいアウトラインの定義**をクリックし，**新しいアウトライン定義**ダイアログを開き，所望のデザインになるように設定する．なお，見出しのレベルは1から9まで存在しているが，必要なレベルだけを設定すればよい．

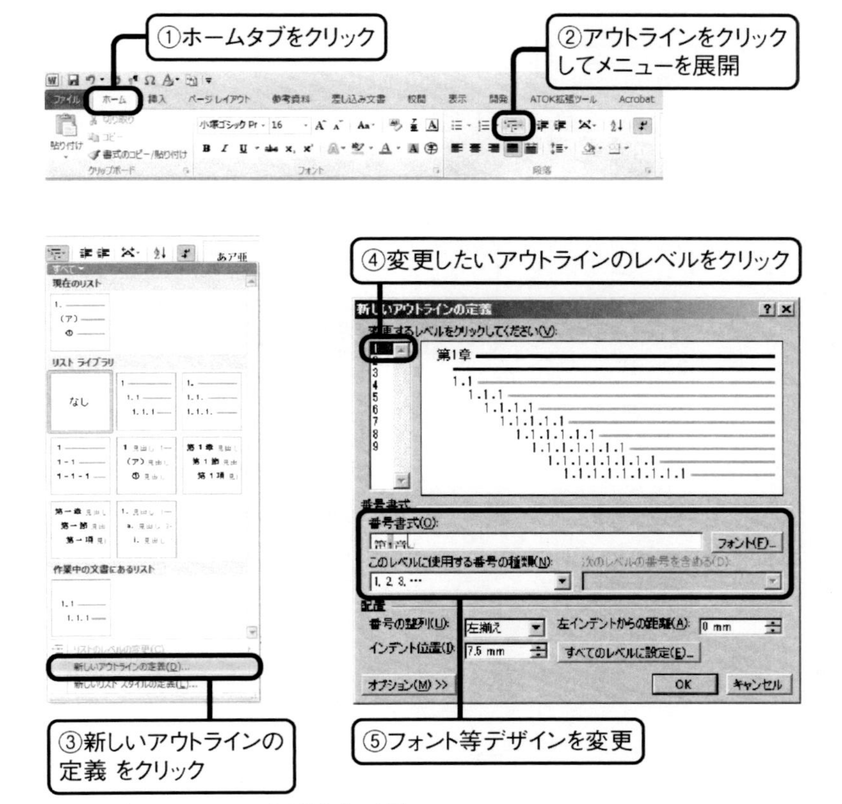


図 28 アウトラインによる章番号書式の変更

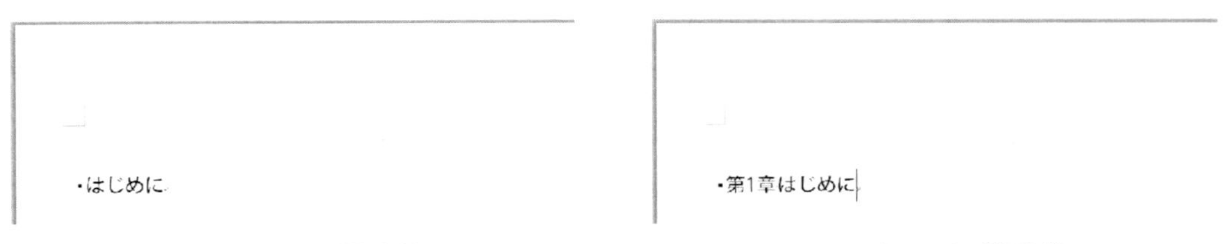


(a) アウトライン設定前　(b) アウトライン設定後

図 29 設定前後での章番号書式の変化

見出しレベル2以降の番号書式を編集する際，“章番号.節番号”のように，上位レベルの番号も含めたい場合には，**次のレベルの番号を含める**の項目を設定する．当該項目に何も表示されていなければ，全ての番号が番号書式に含まれる．

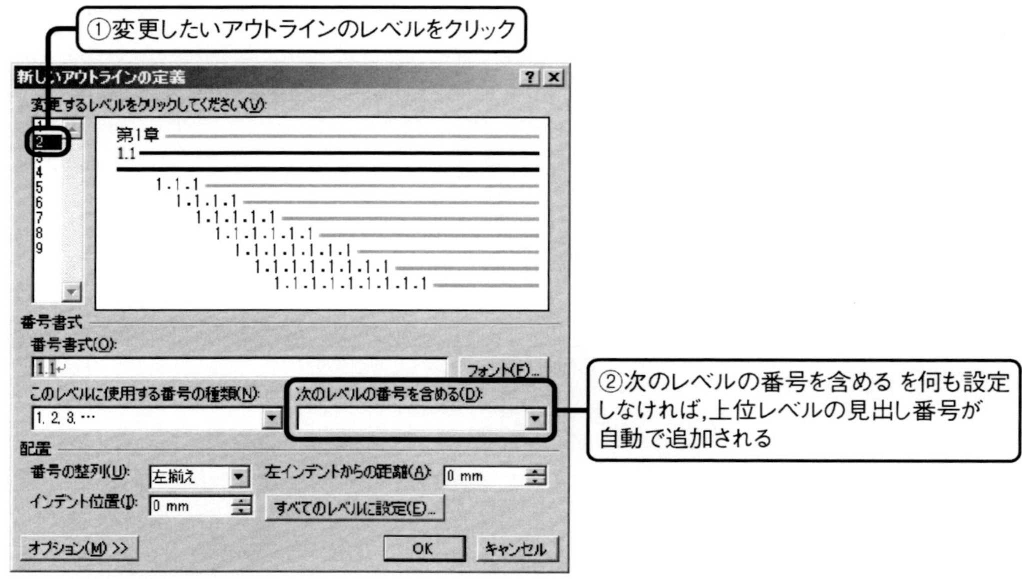


図 30 節番号の番号書式設定

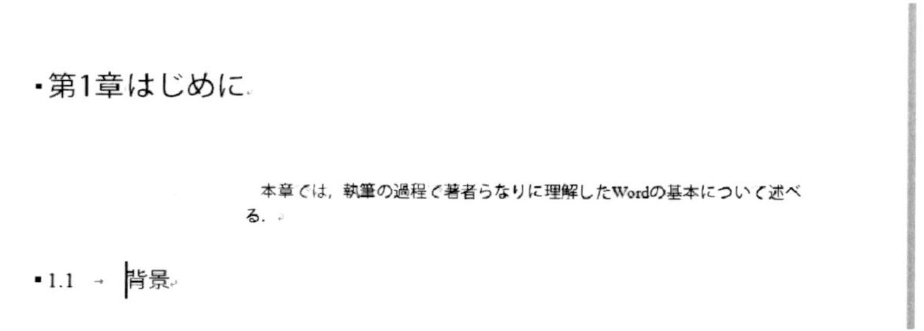


図 31 アウトライン設定による章，節番号書式の変更

章等の見出しの題目が長く，2行以上にわたる場合には，2行目以降のインデントを調整し，章番号と見出しが分離されたようにした方が見栄えがよい．

インデントの調整には，**新しいアウトラインの定義**ダイアログの**オプション**から設定する．**オプション**ボタンをクリックすると，ダイアログの右にオプションが展開される．**インデント位置**を調整すると，2行目以降の行頭の位置が定められる．次に**番号に続く空白の扱い**を**タブ**にし，**タブ位置の追加**をチェックし，先ほど設定した**インデント位置**と同じ数値に設定する．

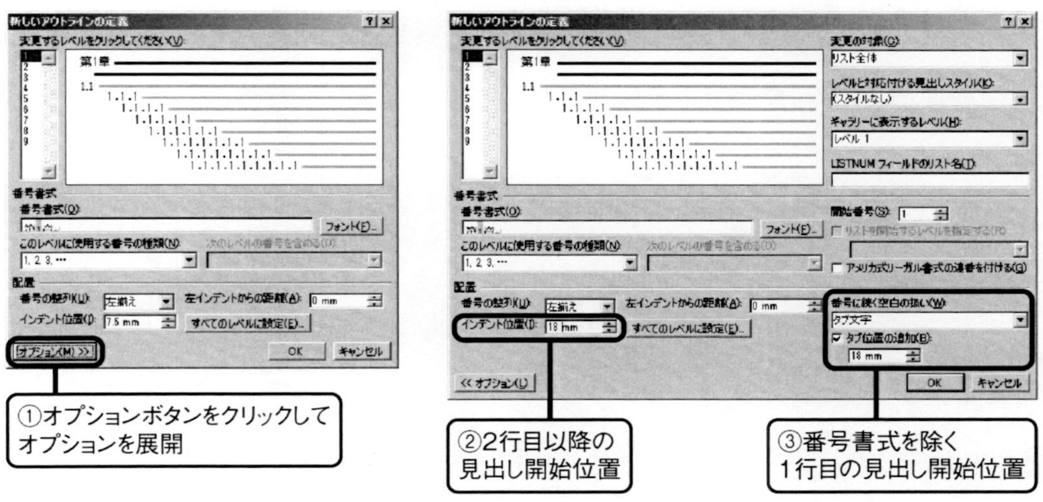


図 32 2行以上の見出しの調整

見出しが2行以上になっても，題目の左側が揃えられる．

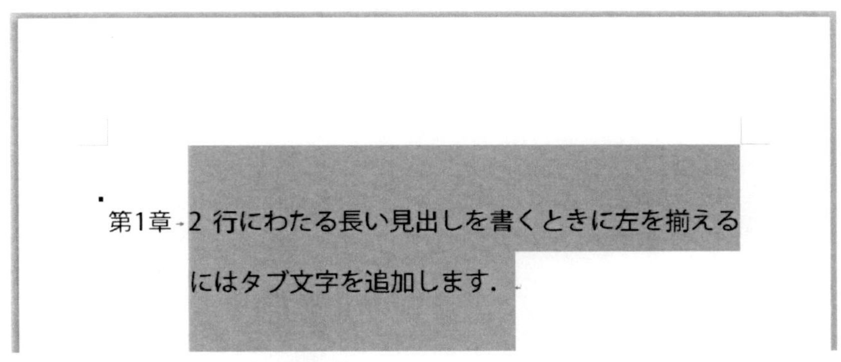


図 33 2行以上の見出しと番号の位置関係

アウトライン設定の例

筆者の執筆環境では，見出しとして，1行目に章番号，2行目以降に見出しを中央揃えで書くようにデザインしている．残念ながら行を送る正しいやり方が分からず，設定は試行錯誤的である．まず左インデントが本書のページ中央に来るように，ページサイズと余白の数値から執筆領域の幅を計算して**左インデントからの距離**を設定し，**番号の整理**を**中央揃え**にする．その後，**番号に続く空白の扱い**をタブ文字とし，ページ右端に来るようにタブを追加する．見出し1のスタイルにおいて，**配置**を**中央揃え**に設定する．このように設定すると，章番号がページ中央に置かれ，章の題目はページの右端にはみ出して表示される．題目の前に半角スペースを入力すると，番号および章題目が見事に中央揃えになる．**Shift+Enter** で段落内改行を挿入してもよいが，その場合は第11章で紹介するヘッダーの設定が難しくなる．

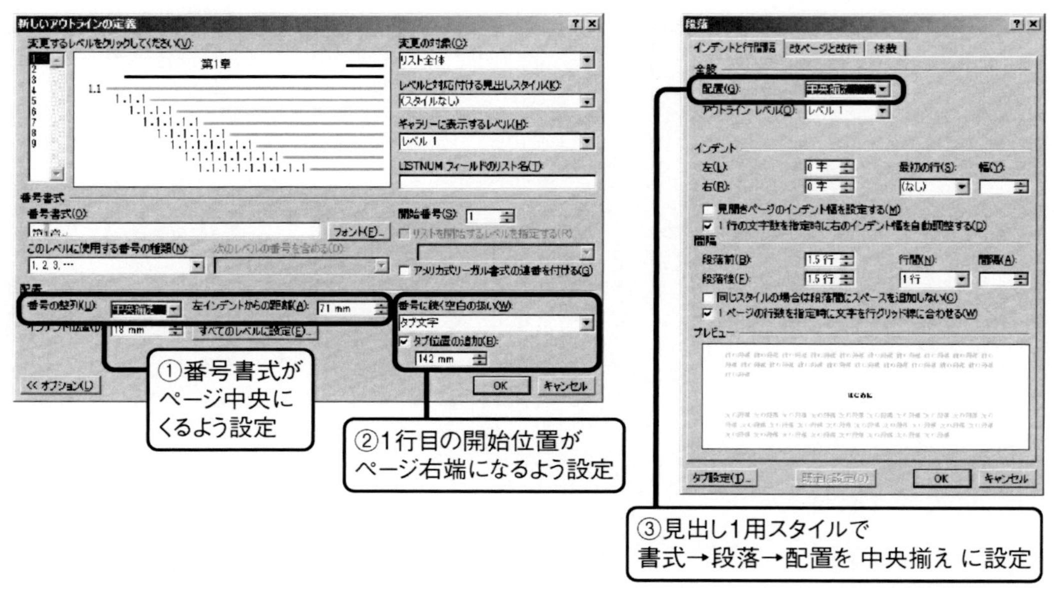


図 34 筆者による章番号書式の設定例

図 35 筆者による番号と見出しの位置関係の例

## 5.5 セクション区切り

書籍（技術書に限らない）や学位論文では，章が変わると新たなページから始める．詳しくは第11章で説明するが，章の終わりにセクション区切りを入れておくと，ヘッダーおよびフッターデザインの柔軟性が増す．セクション区切りは**ページレイアウト**タブの**区切り**をクリックしてメニューを展開し，**セクション区切り**の**次のページから開始**をクリックすることで挿入できる．ヘッダーおよびフッターのデザインについては，第11章にまとめている．

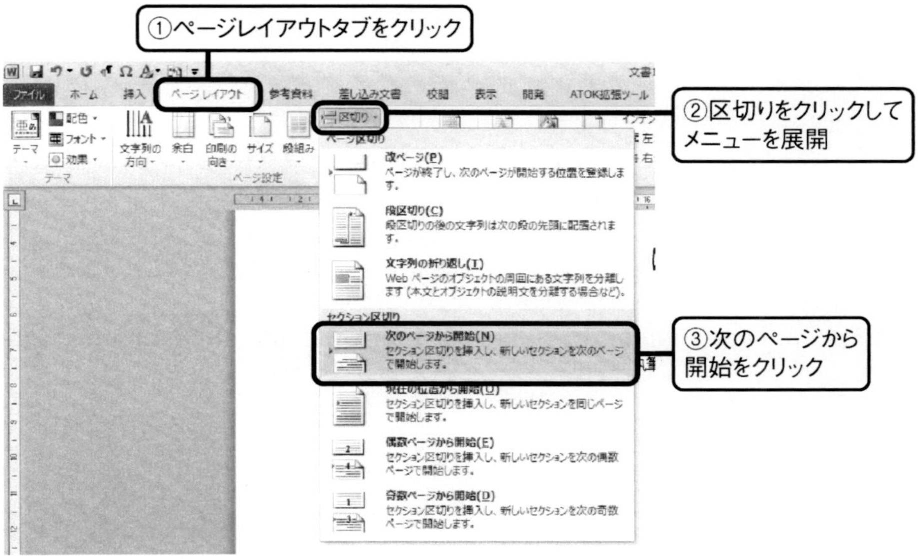

①ページレイアウトタブをクリック

②区切りをクリックしてメニューを展開

③次のページから開始をクリック

図 36 セクション区切りの挿入

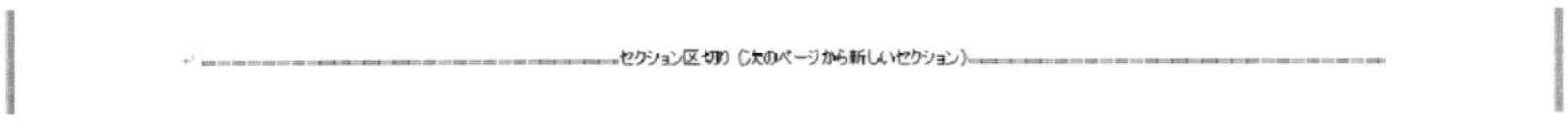

セクション区切り (次のページから新しいセクション)

図 37 セクション区切りを表す編集記号

# 第6章 相互参照

本章では，Wordがもつ相互参照の機能を紹介する．図表の参照や文献の引用は，技術文書作成において最も重要な機能である．

## 6.1 相互参照の重要性

いくらアウトラインやナビゲーションで項目の位置が簡単に移動できても，図表番号を手動で変えなければならないのであれば，著しい時間を浪費する事になる．図表の参照はTeXユーザがWordを批判する際に必ず持ち出される内容であるが，Wordには相互参照という機能が用意されている．残念ながら技術文書執筆で想定される機能を完全に網羅しているわけではないが，単純な形式での引用は可能である．本章では相互参照の基本的な使い方を示すに留めるが，我々が相互参照で不十分だと感じる箇所については，なぜそうなるかという理由と併せて改善方法を第8章で提案する．

## 6.2 図表番号の挿入と参照

図表番号を挿入するには，本文中の図表を挿入した箇所にカーソルを移動し，**参考資料**タブの**図表番号の挿入**ボタンをクリックする．図表の**ラベル**は**図表番号**ダイアログのプルダウンメニューから選択するか，**ラベル名**ボタンを押して新しいラベル名を作成する．ラベルの位置は，項目の上か下かを選ぶことができるので，図か表かに応じて決めればよい．ついでに，4.5節を参考に図表番号のスタイルも設定しておこう．

本文中で図表番号を参照するには，**参考資料**タブの**相互参照**を用いる．**相互参照**ウィンドウでは，**参照する項目**のプルダウンメニューから図や表に設定したラベルを探し，該当する番号を選択し，**挿入**ボタンをクリックする．このとき，**相互参照の文字列**が**図表番号全体**になっていると図のラベル，番号，キャプション全てが挿入される．**番号とラベルのみ**にしておくと，ラベルと番号がひとまとまりで挿入される．

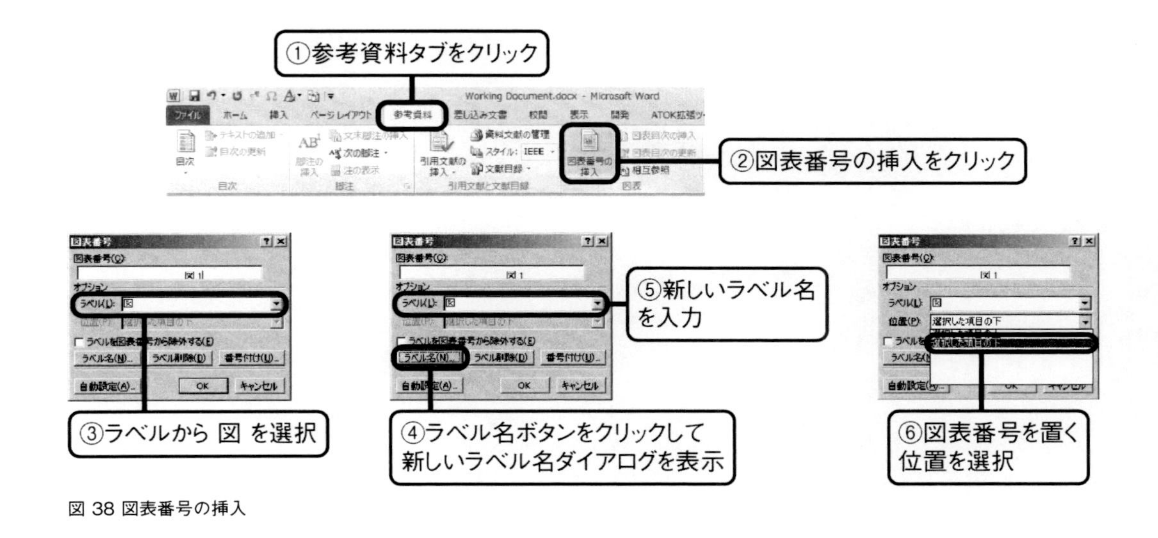


図 38 図表番号の挿入

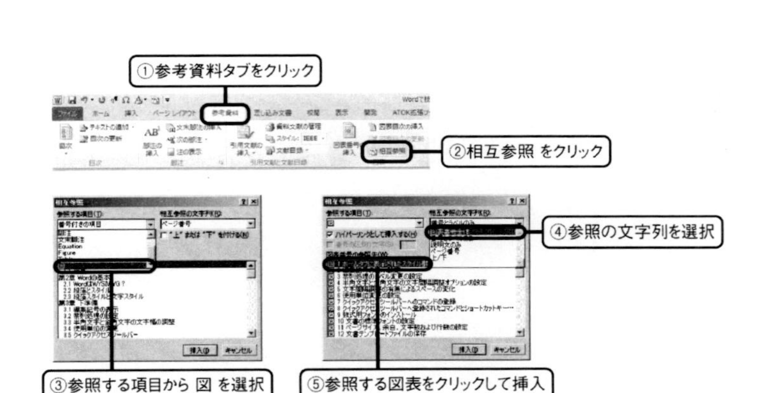


図 39 図表番号の参照

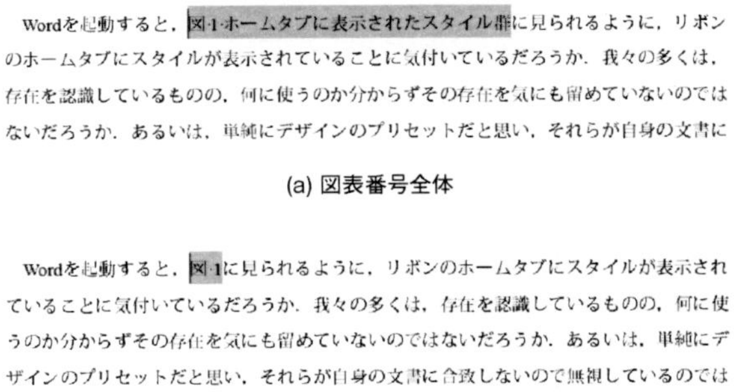

Wordを起動すると，図1 ホームタブに表示されたスタイル群に見られるように，リボンのホームタブにスタイルが表示されていることに気付いているだろうか．我々の多くは，存在を認識しているものの，何に使うのか分からずその存在を気にも留めていないのではないだろうか．あるいは，単純にデザインのプリセットだと思い，それらが自身の文書に

(a) 図表番号全体

Wordを起動すると，図1に見られるように，リボンのホームタブにスタイルが表示されていることに気付いているだろうか．我々の多くは，存在を認識しているものの，何に使うのか分からずその存在を気にも留めていないのではないだろうか．あるいは，単純にデザインのプリセットだと思い，それらが自身の文書に合致しないので無視しているのでは

(b) 番号とラベルのみ

図 40 参照の文字列の違い

図表番号を参照するつもりで**図表番号の挿入**から挿入した図表番号をコピー&ペーストする

と，新しい図表番号が挿入されたと判断される．貼り付けた時点で図表番号は変化しないが，新たに別の図表番号を挿入するなど，相互参照情報の更新を含む作業を行った時点で番号が更新され，図表番号がずれることになる（図 41）．そのため，図表番号は必ず**相互参照**から参照する必要がある．**相互参照**を利用して本文中に入力された図表番号は，コピー＆ペーストで複数箇所に貼り付けることができる．

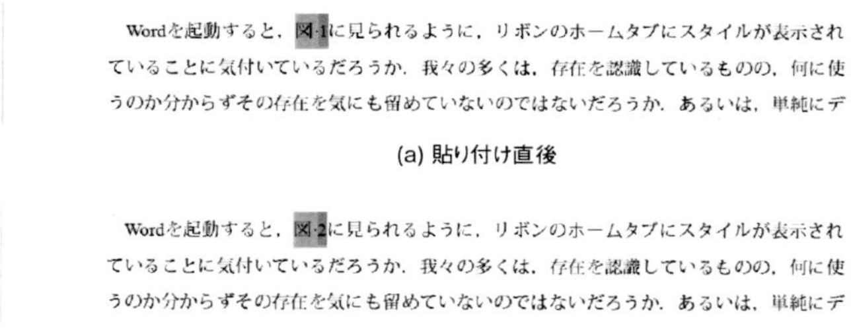

Wordを起動すると，図-1に見られるように，リボンのホームタブにスタイルが表示されていることに気付いているだろうか．我々の多くは，存在を認識しているものの，何に使うのか分からずその存在を気にも留めていないのではないだろうか．あるいは，単純にデ

(a) 貼り付け直後

Wordを起動すると，図-2に見られるように，リボンのホームタブにスタイルが表示されていることに気付いているだろうか．我々の多くは，存在を認識しているものの，何に使うのか分からずその存在を気にも留めていないのではないだろうか．あるいは，単純にデ

(b) 更新後

図 41 挿入された図表番号をコピー＆ペーストした際の挙動

なお，図表番号の参照において，番号だけを参照することはできないので，図1, 2というような引用はできない．著者らはこの仕様が著しく不満であったので，何とかならないかと試行錯誤を繰り返した．その結果，第8章で紹介する方法を用いれば番号のみの参照が可能になることがわかっている．

図表の挿入に関する話題が出たので，図表の配置について少し言及しておこう．Wordにおける図表の配置は評判が悪く，図がどこかに消えたという事例をよく聞く．

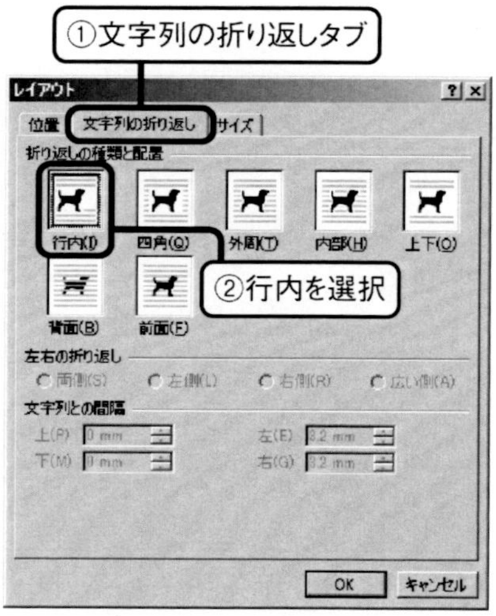

①文字列の折り返しタブ

②行内を選択

図 42 図が飛んでいかないようにする配置の設定

これについては，どういったときに図が飛んでいくかは分かっているが，完璧な回避策はな

い．そのため，図を自由に配置できるオプションは利用せず，**折り返しの種類と配置**には**行内**を利用することをお勧めする．図表の配置についてはあまり知られていない機能が多々あるが，紙面と時間の都合上，ここでは言及しない．興味ある読者は文献[1]を参照されたい．

## 6.3 数式番号（うまくいかない例）

図表番号と同様に，式番号の挿入と参照も技術文書では極めて重要である．しかし，Wordには式番号の挿入というメニューが存在しない．**図表番号**ダイアログには，**ラベルを図表番号から除外する**という項目があるので，それを利用すれば番号のみを付与することはできる（図43）．図44において図表番号の挿入前後で数式の大きさが変わっていることについては，第7章で説明する．

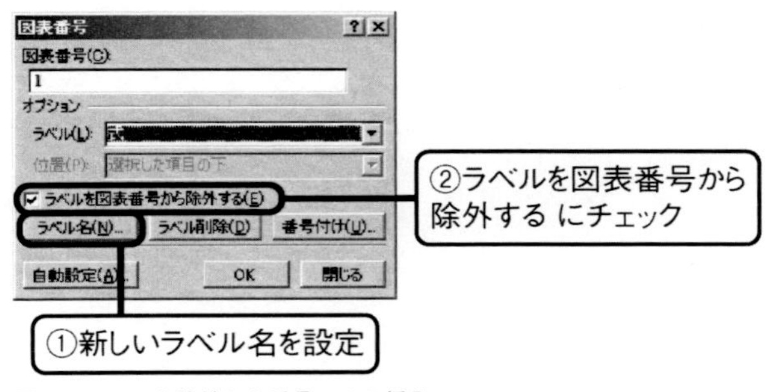


図 43 ラベルを除外した番号のみの挿入

$$\frac{\partial u}{\partial x}+\frac{\partial v}{\partial y}=0$$

(a) 図表番号挿入前

$$\frac{\partial u}{\partial x}+\frac{\partial v}{\partial y}=0\,1$$

(b) 図表番号挿入後

図 44 図表の挿入を利用した数式番号の付与

数式番号を挿入することはできたが，この番号のみを引用しようとすると式自体も引用されてしまい，使い物にならない．**相互参照の文字列**が**図表番号全体**の場合は数式と式番号全体が引用される．**相互参照の文字列**を**番号とラベルのみ**にすれば，ラベルは除外されているので番号だけが引用されるのではないかと思い立ってやってみると，我々の試行錯誤をあざ笑い，小馬鹿にしたかのように数式と式番号が挿入される．式番号の終わり括弧だけを除いて．

1. 西上原裕明，Word で作る長文ドキュメント，技術評論社，2013.

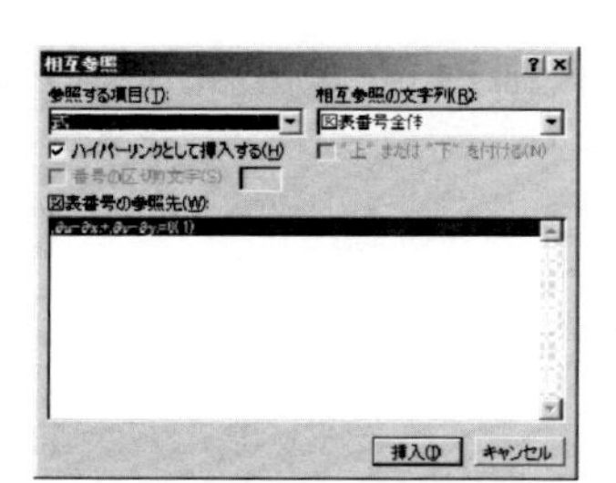


式$\frac{du}{dx}+\frac{dv}{dy}=0$ (1)は非圧縮性流れの質量保存式であり，連続の式とも呼ばれる．

(a) 図表番号全体の挿入

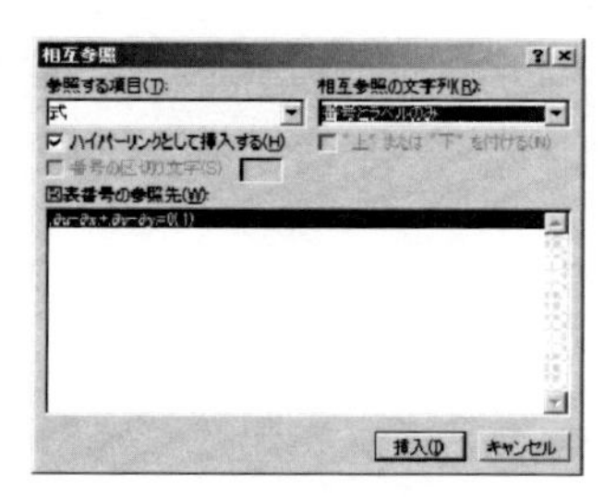


式$\frac{du}{dx}+\frac{dv}{dy}=0$ (1は非圧縮性流れの質量保存式であり，連続の式とも呼ばれる．

(b) 番号とラベルのみの挿入

図 45 図表の挿入を利用した数式番号の付与

この問題についても，第8章で理由と解決策を提示しよう．

## 6.4 脚注

脚注も**参考資料**タブから入力できるので，簡単に触れておこう．**参考資料**タブの**脚注の挿入**ボタンをクリックすれば，カーソルが置かれていた位置に脚注番号が挿入され，脚注にカーソルが移動する．印刷レイアウトモードであればページの下部（設定によっては文書の最後），アウトラインモードであれば，脚注用のフレームが現れる．

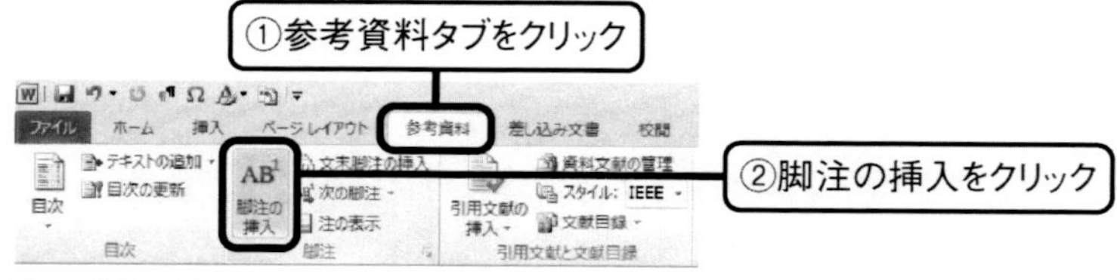


図 46 脚注の挿入

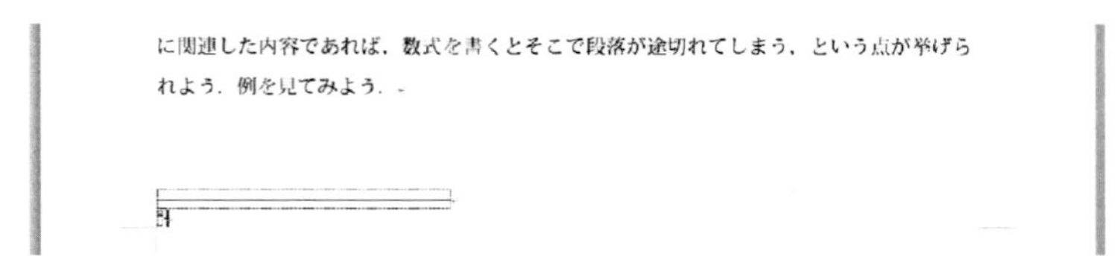


(a) 印刷レイアウトモードでの脚注の挿入

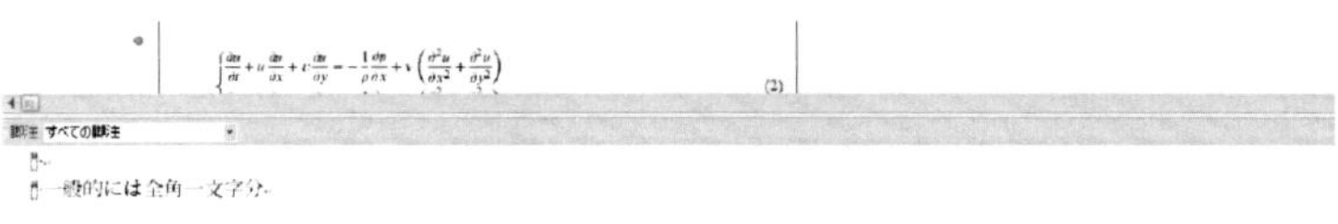


(b) アウトラインモードでの脚注の挿入

図 47 各表示モードにおける脚注の編集

脚注番号は**脚注と文末脚注**ダイアログボックスから変更できるが，論文等で著者所属を表す*1（記号＋可変数字）のような脚注記号を付けることはできない．どうしても脚注記号を記号＋可変数字にしたい場合は，数字を脚注記号にして脚注を作成し，その後記号を付け加える．やり方は9.2節で紹介する．

脚注境界線の削除

脚注を挿入すると，脚注が書かれている領域と本文の領域を区切る境界線が引かれる．この線を削除したいという問い合わせがたまにある．完全に削除することは難しいが，一見すると削除されたような状態にすることはできる．

まず，印刷レイアウトモードで作業している場合は，アウトラインモードに移行する．**参考資料**タブの**注の表示**をクリックすると，脚注用のフレームが現れる．当該フレーム上部にある，**脚注**と名付けられたプルダウンメニューを展開し，**脚注の境界線**をクリックする．境界線が表示されるので，その線を消去すれば印刷レイアウトモードに切り替えたときに線が消えていることが確認できる．

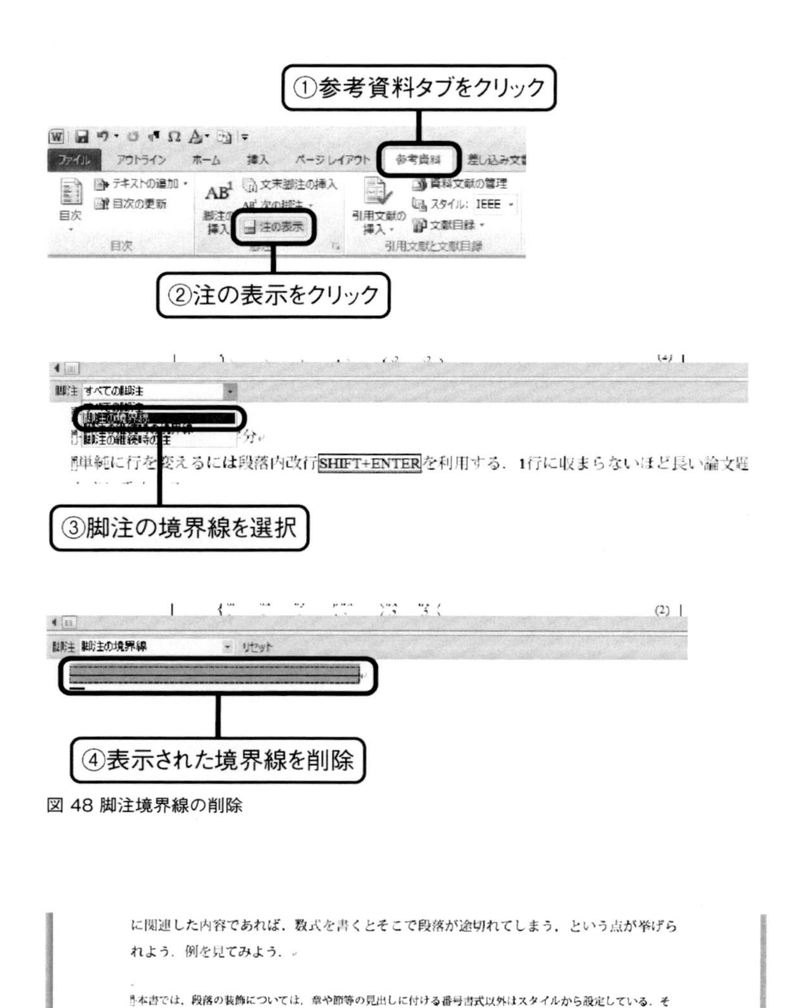


図 48 脚注境界線の削除

図 49 削除された境界線とその行間

しかし，削除できない改行記号が残って1行分の隙間が空いたままになる．その改行記号を選択状態にし，右クリックメニューもしくは**ホーム**タブから**段落**ダイアログボックスを開き，**行間**を**固定値**とし，その値を1ptとする．これで境界線も消去されるし，境界線が引かれていた1行分の隙間も詰められる．実際には1ptの隙間が空いているが気付く人はまずいないだろう．

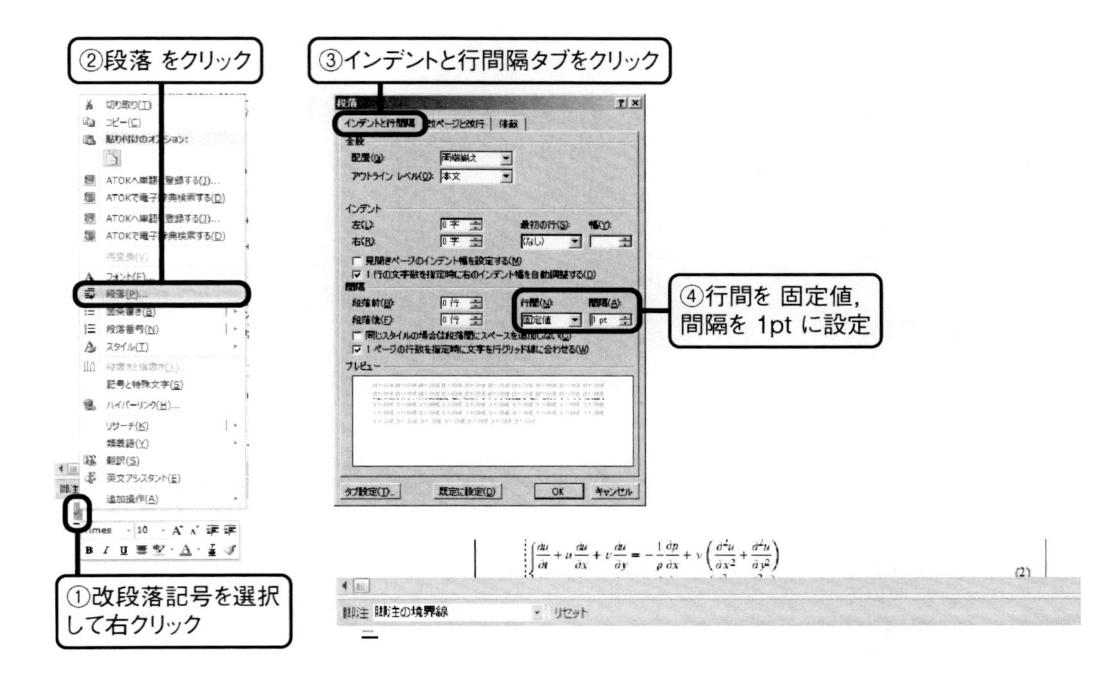


図 50 脚注境界線行間の見かけ上の削除

はたしてこれが何の役に立つのかと思う読者も多いだろうが，これは第12章のチュートリアルで明らかになる．

## 6.5 引用文献

Wordはそれ単体で文献を管理する簡易的なデータベースと文献引用の機能を有している．そのデータベースへの文献の登録と，登録された文献の引用方法について述べる．

### 文献の登録と引用

文献の登録は，**参考資料**タブの**資料文献の管理**をクリックし，**資料文献の管理**ダイアログを呼び出して行う．

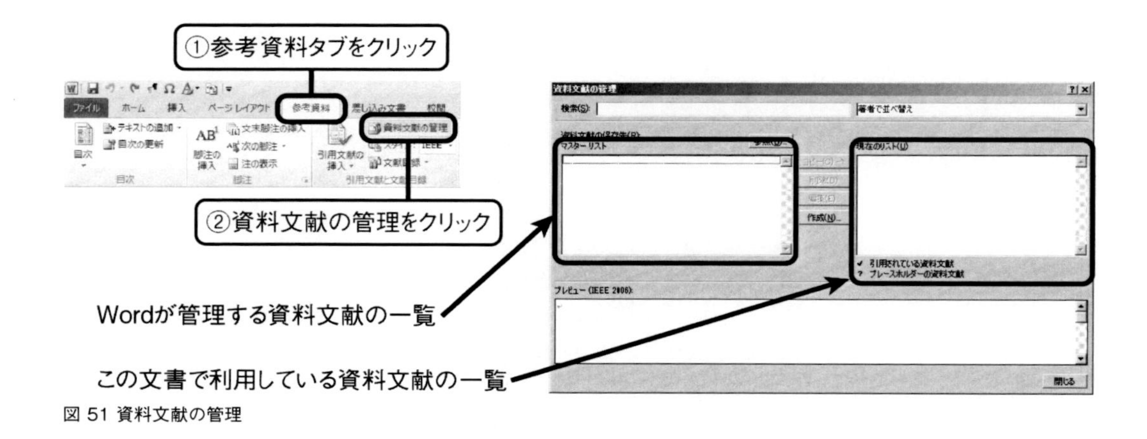

図 51 資料文献の管理

**資料文献の管理**ダイアログには，マスターリストや現在のリストという名前のリストに登録された文献の一覧が表示される．**資料文献の管理**を利用していない場合はマスターリストにも現在のリストにも何も表示されない．ダイアログの作成ボタンをクリックすると，**資料文献の作成**ダイアログが開き，文献の詳細情報を入力できるようになる．

最も多いと思われる学会論文の情報を入力するには項目が足りないが，これは表示されていないだけである．**すべての文献情報フィールドを表示する**にチェックを付けるとWordが管理する全ての情報が入力できるようになるので，必要な項目を記入する．このとき，**言語**が既定になっているが，この項目は明確に日本語か英語かを分類しておいた方がよい．著者名を記入するには，著者フィールドの右にある**編集**ボタンを押して複数人の情報を追加する．このようにして登録した資料文献情報は，現在のリストとマスターリストの双方に登録される．既にマスターリストに登録してある情報を利用したい場合は，マスターリストから当該文献を選択し，現在のリストにコピーする．

文献情報が必要になった時点で追加・引用ができるし，リストに登録した情報が残るので，それなりに便利である．しかし，いわゆる文献管理ソフトと比べると，検索性や一覧性は劣っており，論文データとの連携（論文PDFファイルへのリンクやインターネットからの論文情報の参照）はできない．

登録した文献情報は，ユーザーディレクトリ下の\AppData\Roaming\Microsoft\Bibliography\Sources.xmlに保存される[2]ので，資料文献情報をバックアップしたい場合には，当該ファイルのバックアップを取ればよい．

### 文献の引用と引用スタイルの変更

文献情報が登録されると，**参考資料**タブの**引用文献挿入**に登録された文献の書誌情報が現れる．引用したい箇所でその文献を選択すれば，引用スタイルに応じた形で文献情報が引用され

2.AppData は隠しフォルダである．

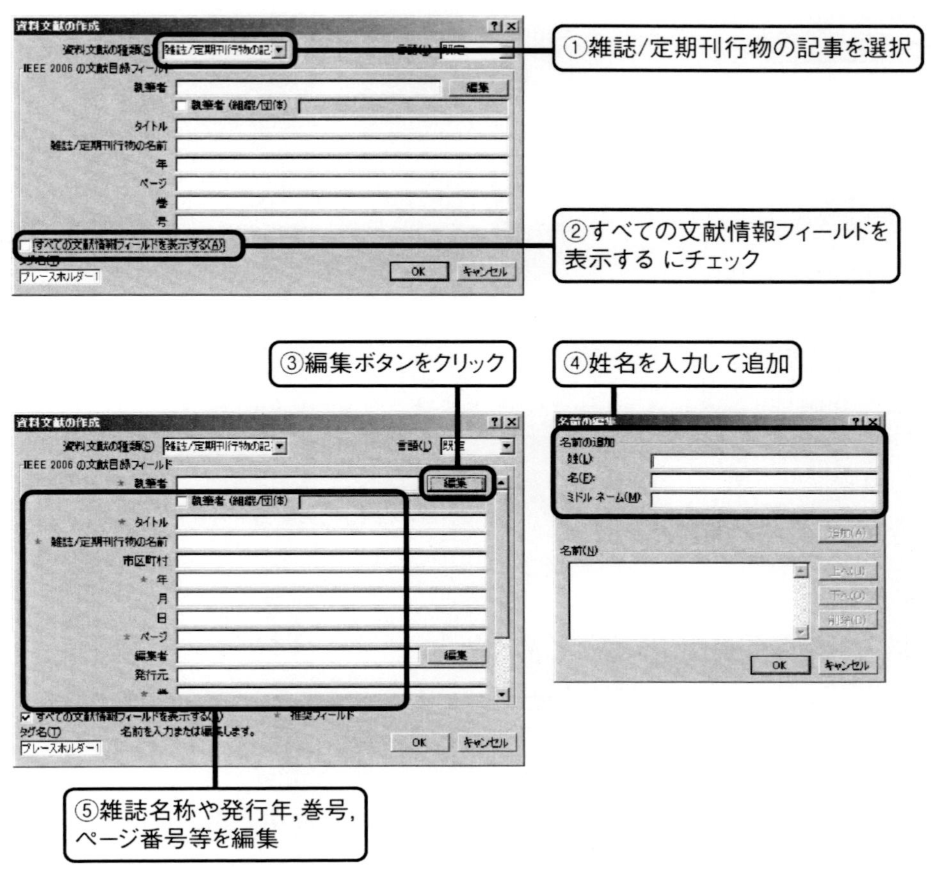

図 52 文献情報と著者名の入力

る．Word 2010では，標準の引用スタイルはAPA第5版になっていると思われる．このスタイルを変更することで引用文献一覧の書式や引用の書式を変更できるが，基本的には用意されているスタイルしか使えない．

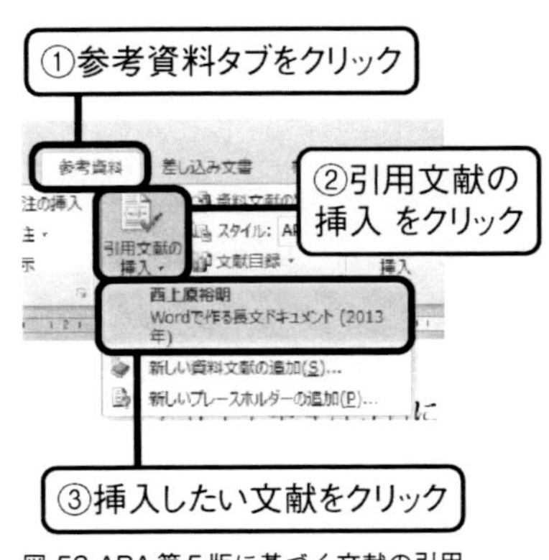

図 53 APA 第 5 版に基づく文献の引用

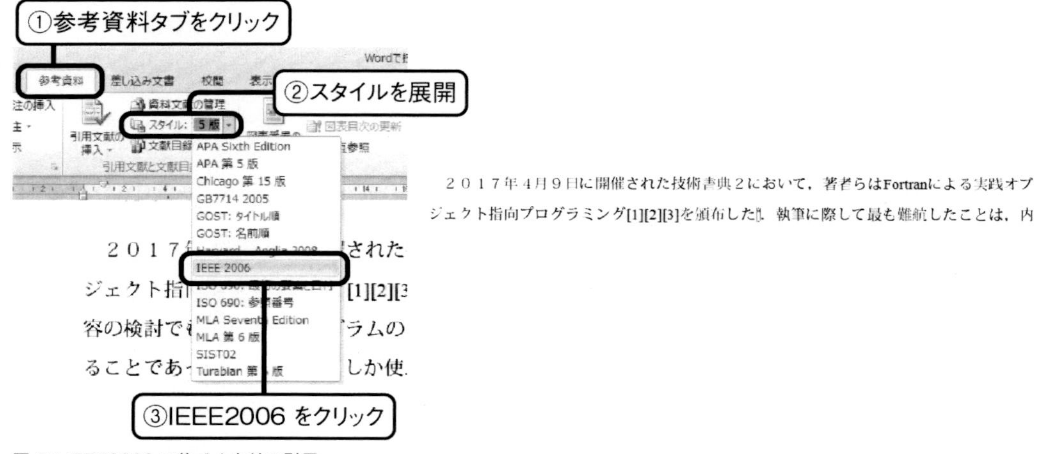


図 54 IEEE2006 に基づく文献の引用

## 引用文献一覧の挿入

一通り文章を書き上げた後，文書末尾に引用文献の一覧を挿入する．文献一覧を挿入するには，**参考資料**タブの**文献目録**をクリックし，**文献目録の挿入**を選ぶ．組み込みとして引用文献や文献目録という題目付きの目録形式が用意されているが，著者らの分野では，題目を参考文献や単純に文献とすることが多いので，Wordに組み込まれている書式では対応できない．そのため，文献目録として文献の一覧のみを挿入し，そういった題目は見出しスタイルで付けることにする．

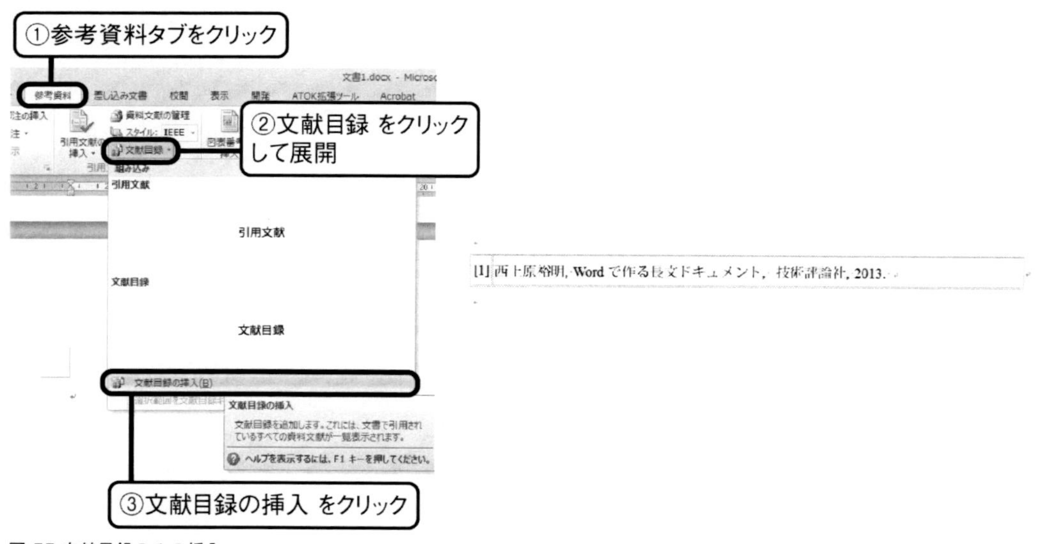


図 55 文献目録のみの挿入

### 引用スタイル制御の可能性

さて，引用スタイルは基本的には用意されているスタイルしか使えないと述べた．“基本的には”なので任意のスタイルで引用することは可能であるが，それにはXSLを記述しなければならない．しかしながら，データ構造をはじめ情報がほとんど公開されておらず，自作するのはかなり難易度が高い．Word標準で用意されている引用スタイルのXSLファイルは[3]，C:\Program Files (x86)\Microsoft Office\Office14 \Bibliography\Styleにおかれているので，中身を見ることができる．おおよそ8000行のスクリプトがコメントもなく書かれている．気合いを入れて雑誌/定期刊行物の記事（JournalArticle）および書籍（Book）に関わる情報のみを抽出してみたのだが，それでも2000行近くある．Microsoftの公式ページ[4,5]にもわずかに情報はあるが，これを基に作成してみても，段落スタイルが反映されないなど色々な問題が生じている．BibWord[6]というスタイル群も存在するが，所望の書式での引用は実現できそうにない．我こそはXSLの達人であるという人は，ぜひ力を貸していただきたい．

---

3.Word2010の場合．その他のバージョンでは場所が異なる場合がある

4. カスタムの文献目録スタイルを作成する，https://msdn.microsoft.com/ja-jp/library/office/jj85101 6.aspx（accessed at Oct. 1st）

5. 文献目録を操作する，https://msdn.microsoft.com/ja-jp/library/office/ff838340.aspx（accessed at Oct. 1st）

6.BibWord，https://bibword.codeplex.com（accessed at Oct. 1st）

# 第7章 数式

本章では，何かと論争の的になる数式の入力を取り扱う．といっても基本的な内容を簡単に紹介するのみであり，習熟には個人の努力を要する．

## 7.1 数式エディタ

基本的な使い方

数式エディタを利用して数式を入力するには，**挿入**タブの**オブジェクト**をクリック[1]して**オブジェクトの挿入**ダイアログを出し，**オブジェクトの種類**をスクロールして**Microsoft数式 3.0**をクリックする．オブジェクトを挿入すると，Wordのメニューバーが数式エディタのメニューに変化する．

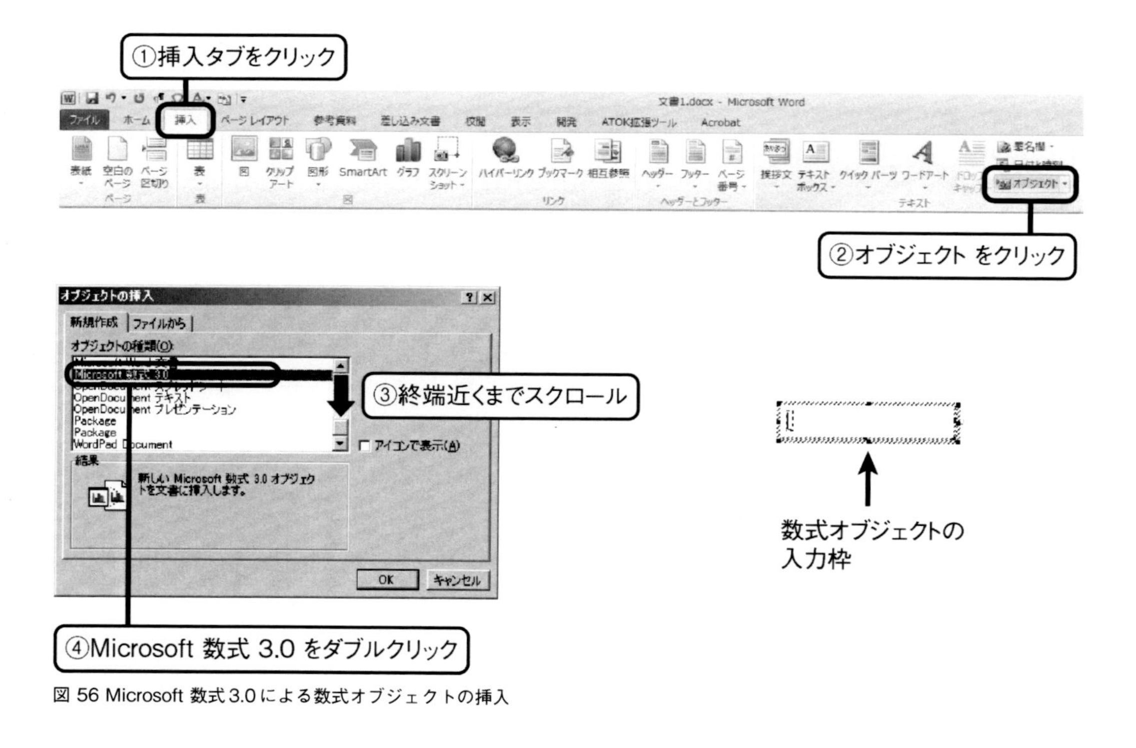


図 56 Microsoft 数式3.0による数式オブジェクトの挿入

1. プルダウンの矢印ではなくボタンをクリックする．

図 57 数式エディタ利用時のメニューバーの変化と記号入力用のツールバー

基本的な使い方は次の通りである．

・アルファベットをキーボードから入力する．

・入力できないギリシャ文字や数学記号を表示されているツールバー[2]から選んで入力する．

一通り入力を終えたら，数式の枠外をクリックすると，Word文書の編集に戻る．入力を楽にするためにショートカットキーも利用でき，それなりにキーボードのみで操作できるようにはなるが，全ての機能を網羅したチートシートは見たことがない．

数式を整形するためにスペースを使う場合には，**スタイル**を**数式**から**文字列**に変更する必要がある．これを忘れてスペースが入らなかったり，文字列から数式に変更するのを忘れて斜体が入力されなかったりと，色々と手を焼かせてくれる．スタイルには，**文字列**以外にも**関数**や**行列**等がある．気に入らなければ，**その他のスタイル**から**その他のフォントとスタイル**ダイアログを出し，所望のフォントを利用すればよい．斜体や太字も容易に利用できる．

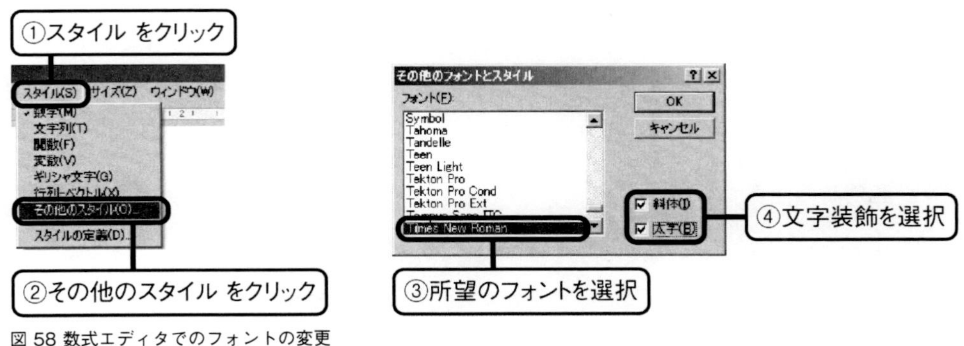


図 58 数式エディタでのフォントの変更

数式エディタは，かつてのWordの標準数式入力環境であった．しかしながら，色々と問題が多く，特にこの数式エディタのオブジェクトが原因で保存できなくなることがあり，卒論や修論の執筆に際し，Wordによる長文作成に挑戦した学生の時間を飲み込んできた．そして，Wordの数式がダメだという論者の情報は，著者らが観測できた範囲では，ほぼ全てこの数式エディタに対してである[3]．

### フォントサイズの調整

数式エディタでは多様なフォントを利用できる一方で，文書のフォント設定に関わらず，数

2. 表示されていない場合は，表示→ツールバーで表示できる

3. TeX の数式組版が美しいことは確かだが，比較対象の調査が不十分なのは褒められたことではない．

式エディタ側でフォント設定が完結している．そのため，文書のフォントサイズに応じて数式エディタ側でもフォントサイズを調整しなければならない．Wordの標準フォントサイズは10.5 ptであるが，数式エディタでは12 ptが標準である．そのため，何も考えずに数式を挿入すると，数式が大きくバランスの悪い文書ができあがる．

数式エディタのフォントサイズは，数式エディタが起動した状態でメニューバーの**サイズ→サイズの定義**から変更する．標準のサイズから2~3 pt小さくするとよい．2 pt下げると添え字が小さすぎると感じる読者は，1 ptだけ小さくすればよい．なお，このフォントサイズは全ての数式オブジェクトに共通の値であるため，文書ごとに異なる数式フォントサイズを利用していると，過去に作成した文書内の数式を編集する際にフォントサイズが変わり，数式オブジェクトの大きさ自体が変化してしまう場合がある．

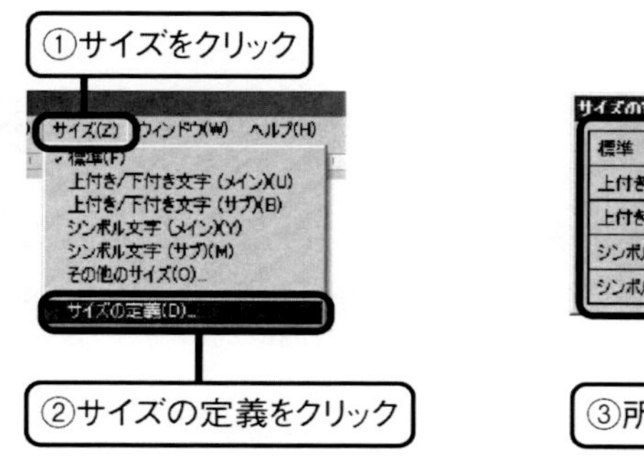


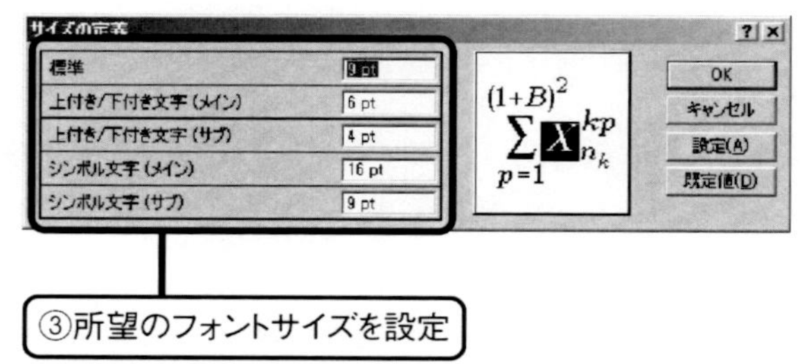


図 59 数式エディタでのフォントサイズの変更

### 数式エディタ利用時の注意

上でも述べたが，数式エディタのオブジェクトはなかなか問題児である．この数式エディタのオブジェクトが原因で，ファイルが保存できなくなる問題が希に生じる．その際，メモリ不足で保存できないというエラーメッセージが出て，泣く泣く編集内容を破棄してWordを閉じることになる．そのような場合，著者らは文書全体をクリップボードにコピーしてWordを終了する．その際，クリップボードの内容を保持するか問われるので保持し，閉じたファイルを開いてコピーした文書を貼り付けることで編集内容を復元している．おもしろいことに[4]，こうやって復元した文書では，問題となった数式エディタのオブジェクトが編集できないようになっている．当該オブジェクトを作り直せば問題は解決する．

他にも数式エディタがらみで著者らがよく遭遇する問題を紹介しておこう．$\Delta t$を入力しようとすると，なぜか$\Delta\Delta$に化けるときがある．その場合は，$\Delta$と$t$の間に文字列の半角スペースを一つ入れて回避する．図61はこれによる誤植の例である．

4. 実際には不愉快だが，この挙動は当事者にならなければおもしろい．

$$f^{n+1} = f^{n} + \Delta t \frac{\partial f}{\partial t} = f^{n} - c\Delta\Delta \frac{\partial f^{n}}{\partial x}$$

図 61 $\Delta t$が$\Delta\Delta$に化けた数式オブジェクト

積分記号

数式エディタで入力する積分記号は，数式の高さに応じてその高さが変化しない．高さで変化する積分記号を入力するには，Shiftキーを押しながらツールバーの積分記号を選択する．数式に分数などが含まれていれば積分記号の幅が変化するが，1行だけだと変化しない．強引に積分記号を伸ばすために，数式の最後に2行1列の行列テンプレートを置く．このとき，積分記号と共に現れる入力枠の外に置いてしまうと積分記号が変化しない．
数式エディタを利用していると，図 60中の式の背景に見られるように，うっすらと文字が見える場合があるが，これも数式エディタ固有の挙動である．書かれていた式を消すと，その式が完全に消えずにうっすらと残るのである．

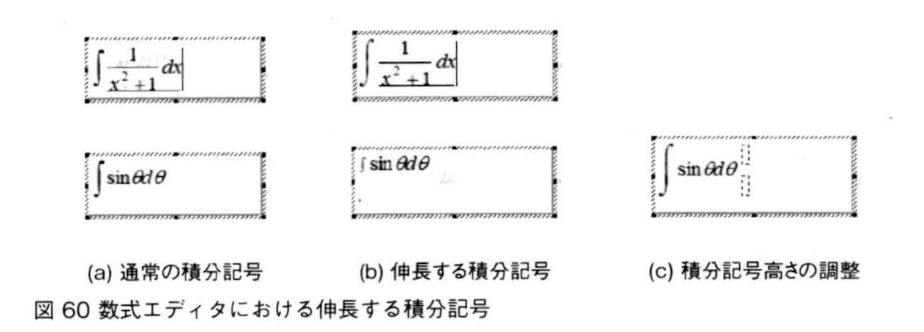

(a) 通常の積分記号　(b) 伸長する積分記号　(c) 積分記号高さの調整

図 60 数式エディタにおける伸長する積分記号

残念ながら数式エディタは長らく更新されていない[5]．いい加減に使用を止めて**数式**を使えというMicrosoft社の意思の表れであろうか．

## 7.2 数式

基本的な使い方

**数式**は，Word 2007から追加された数式入力環境である．この機能を利用するには，**挿入**タブの**数式**ボタンをクリック[6]するか，ショートカットキー **Alt + =**（日本語キーボードの場合は **Alt + Shift + -**）を利用して数式のコンテンツコントロール（数式を入力するエリア）を挿入する．

5. バージョンをみると2000年で更新が止まっている．

6. プルダウンの矢印ではなくボタンをクリックする．

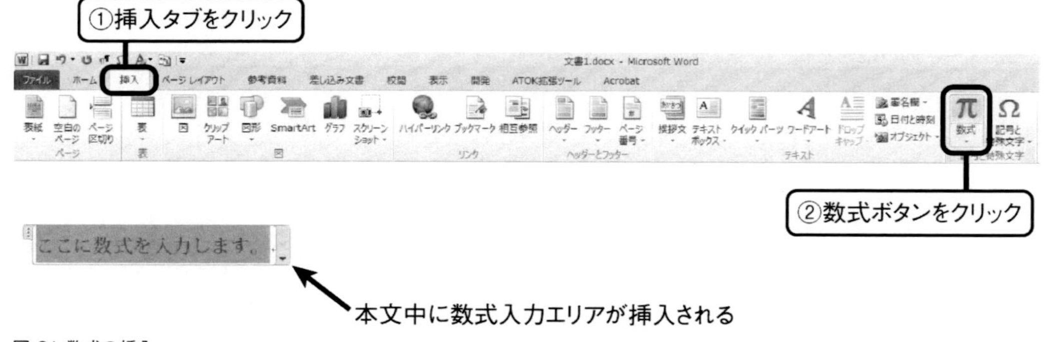


図 61 数式の挿入

数式エディタと比較して使用方法にかなりの改善がみられ，数式の入力も含めた多くの操作はキーボードのみで完結させることができる．本書は**数式**の利用方法に主眼を置いているわけではないので，簡単な使い方のみを示すだけに留める[7]．基本的な使い方や挙動は以下の通りである．

- アルファベットはキーボードから入力する
- キーボードにない記号などは，\から始まる命令を入力する．このとき，命令を入力してスペースを押すと変換される．
- 式を積極的に組み立てるように動作する．/や^を入力してスペースを押すと，分数やべき乗に自動で変換される．

数式の出力とそれに対応するキーボード入力を表3に示す．なお，全ての例において，数式のコンテンツコントロール挿入後に日本語入力を無効化し，Ctrl+iによって斜体を入力するようにしている．キーボード入力の紹介であるため，全てキーボードから入力しているが，一度組み立てられた式のコピー＆ペーストは問題なくできる．

数式のコンテンツコントロール内でも日本語入力は無効にならないので，意識的に入力状態を切り替える必要がある．日本語を入力しながら数式のコンテンツコントロールを挿入し，そのまま1文字目を入力したときに日本語入力を無効にし忘れたことに気づき，しまったと思ってバックスペースでその文字を消すとコンテンツコントロールごと消えてしまう．地味にダメージが大きいので気をつけたい．

7. 利用方法を網羅した数式文典のような書籍を書いてみたい気持ちはある．

表 3 数式の例とその入力

| $y = x$ | y=x |
|---|---|
| $y = x^2$ | y=x^2˽* |
| $y = \frac{1}{2}x$ | y=1/2˽x** |
| $y = \frac{1}{2x}$ | y=1/2x˽*** |
| $\frac{\partial u}{\partial x} + \frac{\partial v}{\partial y} = 0$ | ¥partial˽u/¥partial˽x˽+¥partial˽v/¥partial˽y˽=0 |
| $\begin{cases} \frac{\partial u}{\partial t} + u\frac{\partial u}{\partial x} + v\frac{\partial u}{\partial y} = -\frac{1}{\rho}\frac{\partial p}{\partial x} + \nu\left(\frac{\partial^2 u}{\partial x^2} + \frac{\partial^2 u}{\partial y^2}\right) \\ \frac{\partial v}{\partial t} + u\frac{\partial v}{\partial x} + v\frac{\partial v}{\partial y} = -\frac{1}{\rho}\frac{\partial p}{\partial y} + \nu\left(\frac{\partial^2 v}{\partial x^2} + \frac{\partial^2 v}{\partial y^2}\right) \end{cases}$ | ¥cases(†¥partial˽u/¥partial˽t˽+u˽¥partial˽u/¥partial˽x˽+v˽¥partial˽u/¥partial˽y˽=-1/¥rho˽˽˽‡¥partial˽p/¥partial˽x˽+¥nu˽(¥partial^2˽u/¥partial˽x^2˽˽+¥partial^2˽u/¥partial˽y^2)˽@¥partial˽v/¥partial˽t˽+u˽¥partial˽v/¥partial˽x˽+v˽¥partial˽v/¥partial˽y˽=-1/¥rho˽˽˽¥partial˽p/¥partial˽y˽+¥nu˽(¥partial^2˽v/¥partial˽x^2˽˽+¥partial^2˽v/¥partial˽y^2))˽ |
| $\frac{\partial \boldsymbol{v}}{\partial t} + (\boldsymbol{v} \cdot \nabla)\boldsymbol{v} = -\frac{1}{\rho}\nabla p + \nu\nabla^2\boldsymbol{v}$ | ¥partial˽CTRL+BvCTRL+B/¥partial˽t˽+(CTRL+BvCTRL+B¥cdot¥nabla)CTRL+BvCTRL+B=-1/¥rho˽˽¥nabla˽p+¥nu¥nabla^2˽CTRL+Bv |

* スペースキーを押下するまでは y=x^2 という表示だが，スペースキーを押下すると^2 が上付きに変換される

** 1/2 を入力してスペースキーを押下した時点で 1/2 が組み立てられる

*** スペースを入力するまでがひとまとまりと判断される

† ¥cases(を入力した時点で©(に変換されるが，あきらめてはいけない．

‡ ¥rho 後方のスペース 3 個には，一つ目で¥rho を ρ に変換し，二つ目で 1/ρ を組み立て，三つ目で次の分数と分離する役割がある．

### 数式の既定フォントの変更

3.6節で数式用のフォントをダウンロードしたが，ここでようやく設定をしよう．設定を先送りしたのは，数式を入力しないと**数式**のフォントを設定するタブが現れないからである．入力した数式をクリックすると，タブに**数式ツール デザイン**と書かれたタブが現れる．そのタブをクリックし，**数式オプション**ダイアログを表示する．**数式エリアの既定のフォント**がCambria Mathになっている．XITS Mathフォントがインストールできていれば，プルダウンメニューを表示するとXITS Mathが現れる．現れなければ再度フォントのインストールを試みて欲しい．XITS Mathをクリックし，**規定値として設定**することで，**数式**の既定のフォントを変更できる．

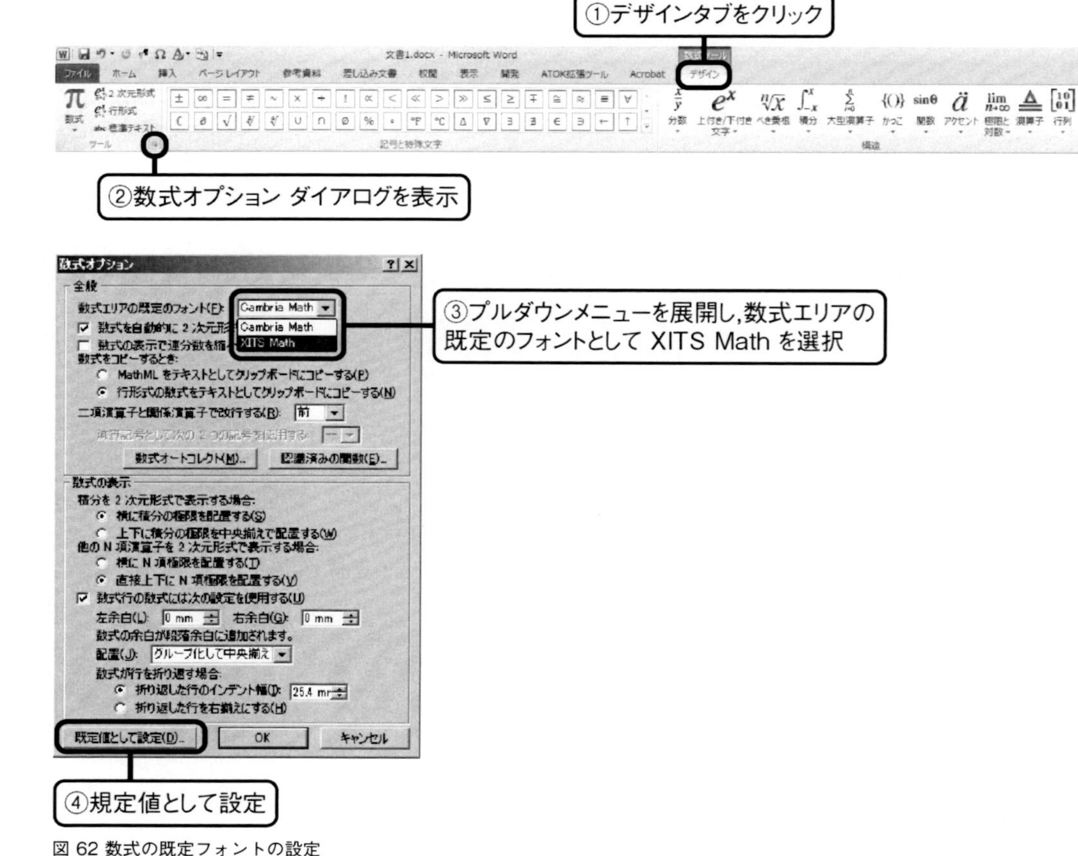


図 62 数式の既定フォントの設定

### 行形式と2次元形式

**数式**には，数式を組み立てない行形式と，数式を組み立てた2次元形式の2種類がある．2次元形式と行形式は，数式を右クリックした際に出てくるメニューから切り替えられるが，行形式を使用する状況は想像できない．また，2次元形式には独立数式と文中数式という二つの形式がある．新しい段落で数式を作成すると独立数式になり，数式の前後に何か文字を入力すると，自動で文中数式に変換されてしまう[8]．これを抑制する方法は無く，論文で数式を入力し，式番号を付けようとタブなり括弧なりを入力した瞬間に行形式に変形されてしまう．回避策としては，1行3列の表を設け，左のセルで数式インデントを調整し，中央セルに数式，右のセルに数式番号を置く方法がある．これとは異なる回避策については，8.5節で紹介する．

(a) 行形式　(b) 2次元形式,独立数式　(c) 2次元形式,行中数式

図 63 数式オブジェクトの形式

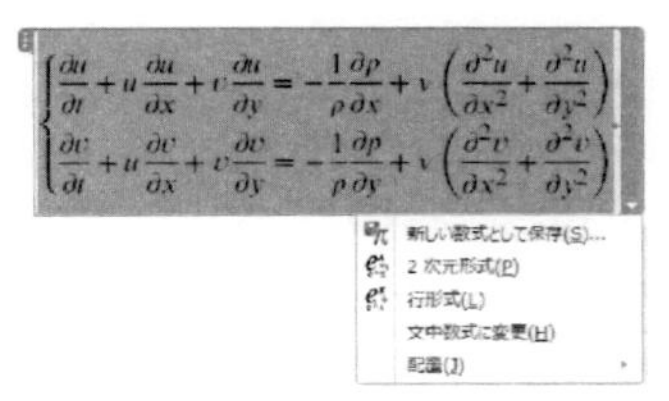


図 64 右クリックメニューからの数式形式の変換

$$\frac{\partial \boldsymbol{v}}{\partial t} + (\boldsymbol{v}\cdot\nabla)\boldsymbol{v} = -\frac{1}{\rho}\nabla p + \nu\nabla^2\boldsymbol{v}$$

(a) 独立数式　(b) 文字入力に伴う行中数式への自動変換

図 65 数式形式の自動変換

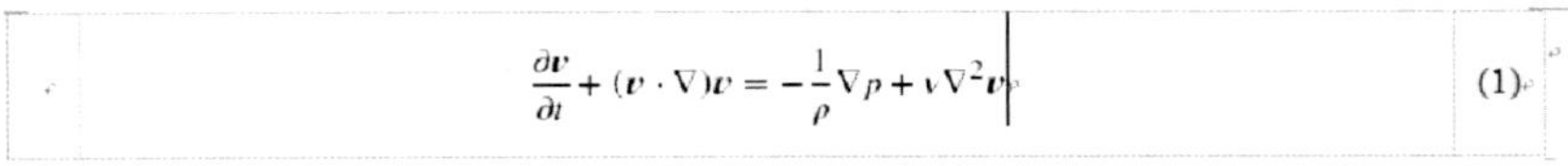

$$\frac{\partial \boldsymbol{v}}{\partial t} + (\boldsymbol{v}\cdot\nabla)\boldsymbol{v} = -\frac{1}{\rho}\nabla p + \nu\nabla^2\boldsymbol{v} \qquad (1)$$

図 66 表を利用した形式自動変換の回避

複数行の数式

数式が文書の幅より長くなった場合，数式は自動で複数行に折りたたまれる．読者自身の手で改行することもできる．数式中の改行したい位置を右クリックし，出てきたメニューから改行を選択すればよい．

8. 数式エディタでは数式が本文とは独立したオブジェクトとして扱われるので，このような問題は生じない．

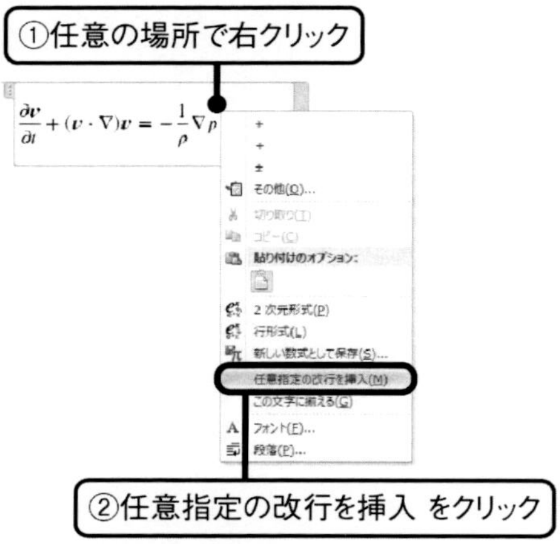

①任意の場所で右クリック

②任意指定の改行を挿入 をクリック

図 67 数式の任意位置での改行

# 第8章 相互参照の改善

いよいよ本書のメイントピックに到達した．本章では，Wordの相互参照がうまくいかない理由を述べて，それらを改善するためのたった一つの機能を紹介する．

## 8.1 なぜ思い通りにいかないか

さて，図表の引用や数式番号の引用では，番号のみを引用できないという問題があり，それに起因して，作成する文書にも制約が生じた．なぜWordの相互参照がこちらの思い通りに行かないのかというと，我々がWordの表記から予想した情報とWordが取り扱う情報に齟齬があるためである．

我々はかしこいので，ラベル，図番号，キャプションを正しく認識できる．しかし，Wordは特にラベルに対する認識が異なり，どうやら図表番号の左にある内容をラベルとして認識するようである．また，図表番号の直後から始まり，段落が終わるまでの全ての内容をキャプションと認識する．これは図 68および図 69に示した例文からの推察である．この例文は，図表番号が独立した段落になく，他の文章と同一の段落にきてしまった場合に，その図表番号を相互参照するとどのようになるのかを示している．

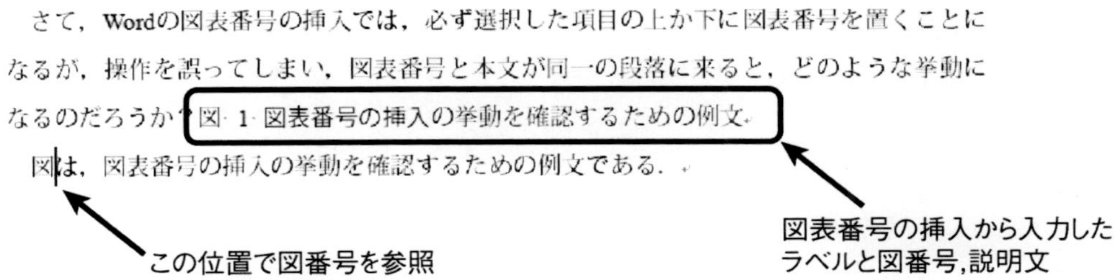

さて，Wordの図表番号の挿入では，必ず選択した項目の上か下に図表番号を置くことになるが，操作を誤ってしまい，図表番号と本文が同一の段落に来ると，どのような挙動になるのだろうか？図 1 図表番号の挿入の挙動を確認するための例文

図は，図表番号の挿入の挙動を確認するための例文である．

この位置で図番号を参照

図表番号の挿入から入力したラベルと図番号,説明文

図 68 Wordの相互参照の挙動を確認するための例文

**相互参照の文字列**に**図表番号全体**を選択すると，段落冒頭の「さて」から改行記号直前の「例文」までが参照されている（図 69(a)）．**相互参照の文字列**を**番号とラベル**のみに変更すると，段落冒頭の“さて”から始まるのは同じであるが，図 1までしか参照されていないことが確認できる（図 69(b)）．

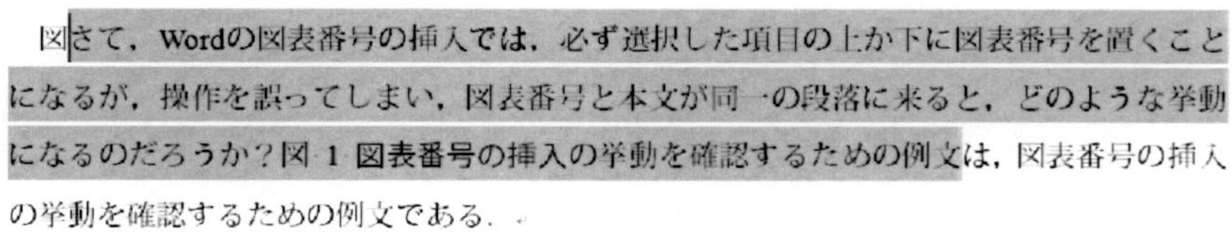

図さて，Wordの図表番号の挿入では，必ず選択した項目の上か下に図表番号を置くことになるが，操作を誤ってしまい，図表番号と本文が同一の段落に来ると，どのような挙動になるのだろうか？図 1 図表番号の挿入の挙動を確認するための例文は，図表番号の挿入の挙動を確認するための例文である．

(a) 相互参照の文字列に図表番号全体を指定した場合

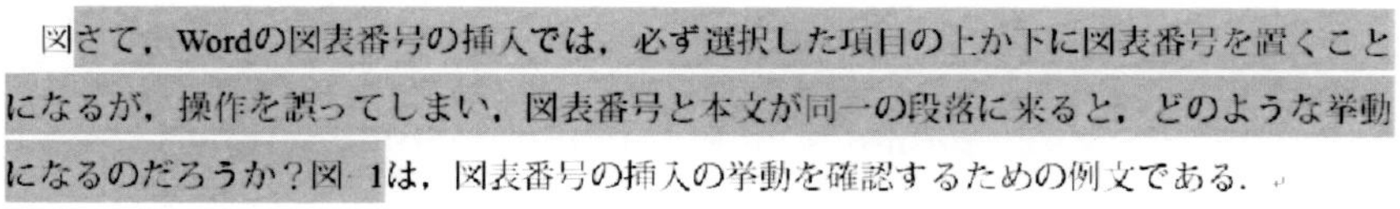

図さて，Wordの図表番号の挿入では，必ず選択した項目の上か下に図表番号を置くことになるが，操作を誤ってしまい，図表番号と本文が同一の段落に来ると，どのような挙動になるのだろうか？図 1は，図表番号の挿入の挙動を確認するための例文である．

(b) 相互参照の文字列に番号とラベルのみを指定した場合

図 69 相互参照の文字列を変化させたときの結果

Wordの中身を知りようがないのであくまで推察でしかないが，数式番号の相互参照がうまくいかなかった例と対比させても，参照結果を矛盾無く説明できる．

ではどのようにすれば改善できるのだろうか．その答えとして，**スタイル区切り**という機能を紹介する．

## 8.2 スタイル区切り

2.2節において，Wordの改行は改段落（改行＋スタイルの終わり）であると述べた．また，段落内改行という，スタイルを終わらせずに改行する方法も述べた．ではその逆に，改行せずにスタイルを終わらせる機能はあるのだろうか？Wordは図表番号の左にある内容をラベルとして認識し，図表番号の直後から段落が終わるまでの全ての内容をキャプションと認識する[1]．この挙動によれば，図表番号の左右で段落が終われば，番号を一つの段落として認識するので，番号のみを引用できるのではないか！それを実現する機能がスタイル区切りである．スタイル区切りを図表番号の前後に挿入することで，Wordは番号のみを独立した一つの段落として認識するようになる．

### スタイル区切り使用時の注意

スタイル区切りは標準ではリボンに搭載されていないので，見かけた事がある読者は多くないかも知れない．クイックアクセスツールバーに登録する方法を示しておこう．3.5節を参考にクイックアクセスツールバーのオプションを表示し，**コマンド**のプルダウンメニューから**全てのコマンド**を選択し，**スタイル区切り**を探してクリックし，追加する．**リボンのユーザ設定**でもほぼ同様にして**個人用**タブに追加できる．ショートカットキーは Alt+Ctrl+Enter である．

1. あくまで推察であることは強調しておかなければならない．

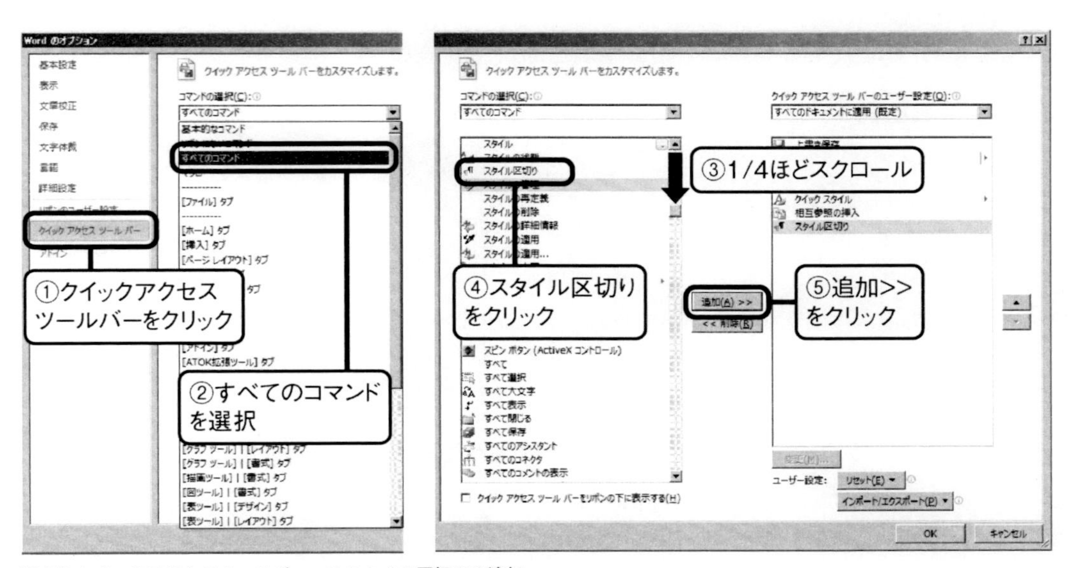

図 70 クイックアクセスツールバーへのスタイル区切りの追加

図 71 はスタイル区切り挿入時の Word の挙動である．スタイル区切りを挿入すると，点線で囲まれた改行記号が入力される．そして，おそらくその段落あるいは前後の段落のスタイルが崩れるだろう．著者らの経験によると，スタイル区切りを入力すると，ほぼ確実にスタイルが崩れる．また，所望の場所にスタイル区切りが入力されない．まずは落ち着いてこれは正しい挙動だと自身に言い聞かせ，スタイル区切り記号のみを選択して切り取り，Ctrl+Z を 2 回入力する[2]．その後，スタイル区切り記号を正しい（所望の）位置に貼り付ける．これ以降，スタイル区切りを挿入したい場合には，入力済みのスタイル区切り記号をコピー＆ペーストすればよい．

2. ご存じの読者も多いだろうが，これは編集を 1 段階戻すショートカットキーである．1 回目の Ctrl+Z でスタイル区切りの切り取り前に戻り，次の Ctrl+Z でスタイル区切り挿入前に戻る．ただし，クリップボードにはスタイル区切り記号が存在しているので，それを所望の位置に貼り付ける．

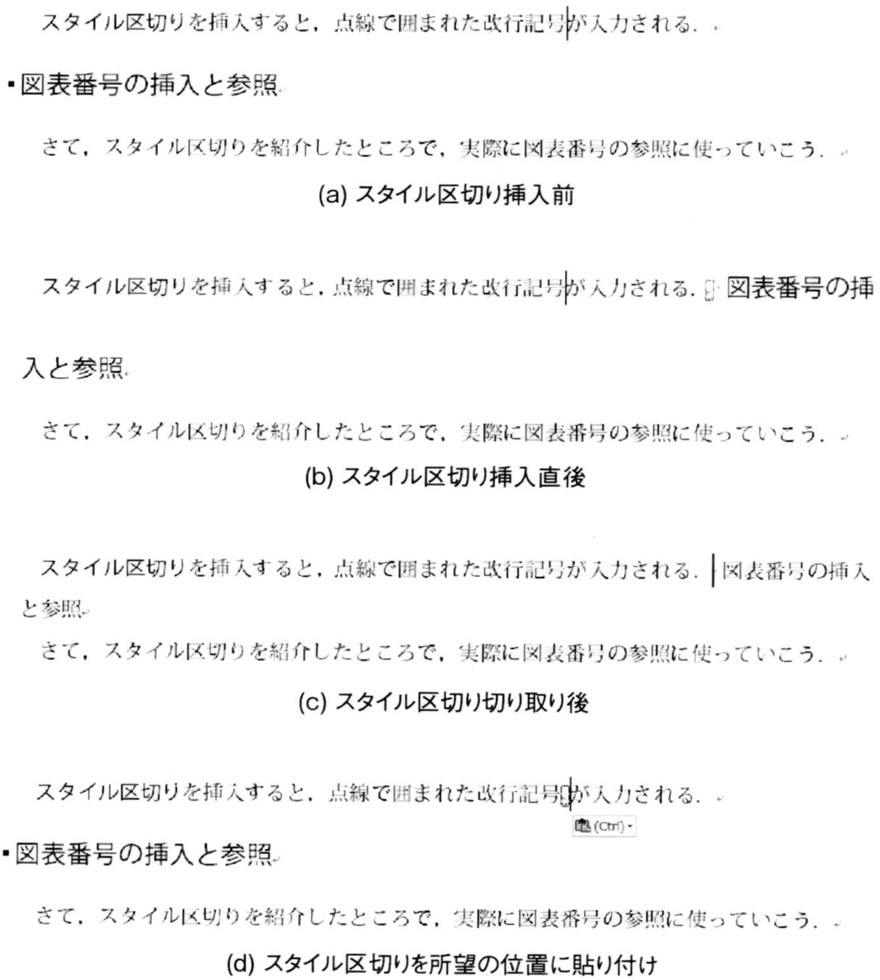

スタイル区切りを挿入すると，点線で囲まれた改行記号が入力される．

▪図表番号の挿入と参照

さて，スタイル区切りを紹介したところで，実際に図表番号の参照に使っていこう．

(a) スタイル区切り挿入前

スタイル区切りを挿入すると，点線で囲まれた改行記号が入力される．図表番号の挿

入と参照

さて，スタイル区切りを紹介したところで，実際に図表番号の参照に使っていこう．

(b) スタイル区切り挿入直後

スタイル区切りを挿入すると，点線で囲まれた改行記号が入力される．図表番号の挿入
と参照

さて，スタイル区切りを紹介したところで，実際に図表番号の参照に使っていこう．

(c) スタイル区切り切り取り後

スタイル区切りを挿入すると，点線で囲まれた改行記号が入力される．

(Ctrl)

▪図表番号の挿入と参照

さて，スタイル区切りを紹介したところで，実際に図表番号の参照に使っていこう．

(d) スタイル区切りを所望の位置に貼り付け

図 71 スタイル区切り挿入時の Word の挙動

## 8.3 図表番号の挿入と参照

さて，スタイル区切りを紹介したところで，実際に図表番号の参照に使っていこう．

図表番号を挿入してキャプションを記述するところまでは全く同じである．キャプションの記入が終了したら，カーソルを図表番号の左に移動させ，スタイル区切りを入力する．図表番号用のスタイルが崩れ，左に寄ってしまったが，慌てずスタイルを適用し直してほしい．図表番号の右にもスタイル区切りを挿入する．このとき，スタイル区切りの編集記号はコピー＆ペーストした方がよい．一見すると隙間が広く空いたように見えるが，スタイル区切りは印刷時には表示されず，隙間は詰められる．

では相互参照してみよう．**参考資料**タブの**相互参照**を選び，**相互参照**ダイアログの**参照する**

**項目**から，先ほどの図表番号のラベル（図）を選択しよう．すると，番号だけが表示されている．スタイル区切りによって番号のみが段落として認識されているためである．参照する際は，**図表番号全体**でも**ラベルと番号のみ**のどちらでもよい．これで気兼ねなく番号のみを参照できるようになる．その代償として，ラベルを自身の手で入力することになる．そうすると，ラベルを図からFig.に変更したくなると，全て手打ちで変更する必要が生じる[3]．その労力を低減する方法については8.8節で言及する．

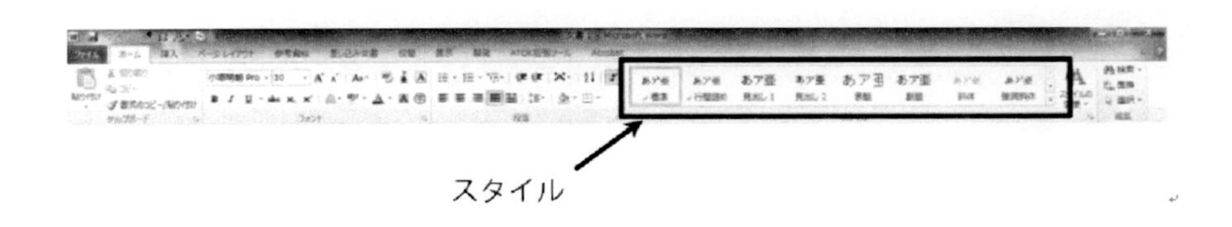


図 1 ホームタブに表示されたスタイル群

(a) 図表番号左側へのスタイル区切りの挿入

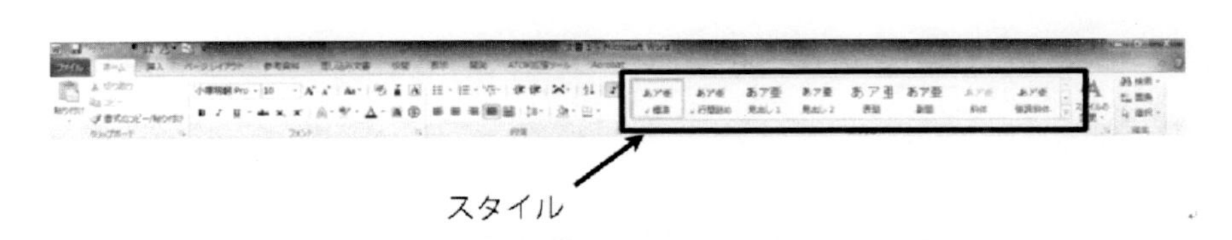


図 1 ホームタブに表示されたスタイル群

(b) スタイルの再適用

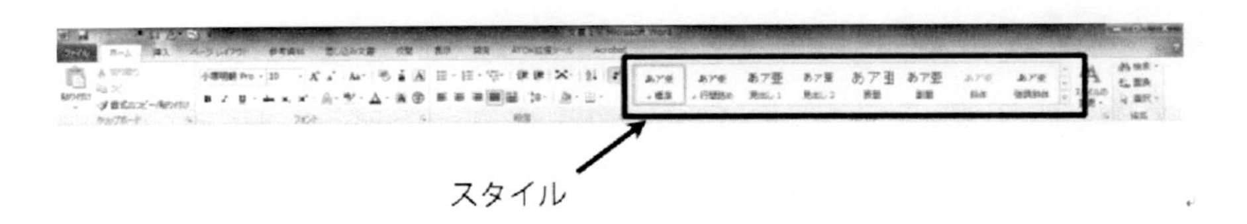


図 1 ホームタブに表示されたスタイル群

(c) 図表番号右側へのスタイル区切りの挿入

図 72 図表番号にスタイル区切りを挿入する手順

3. 実際そのような場面はそう多くないと思うし，そういう時にこそ置換を使えばよいと思うのだが，謎の勢力にこれを問われることが希にある

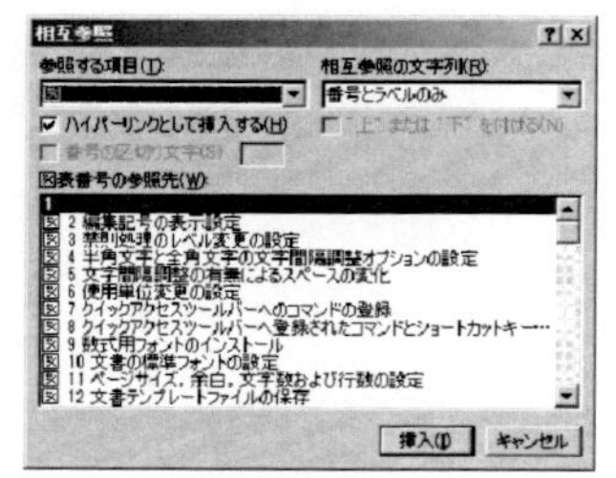


図 73 図表番号の番号のみの参照

残念なことに，スタイル区切りを利用して図表番号のみを参照できるようにすると，図表目次を作成する際に，図表番号とページ数しかリスト化されない．そのため，ラベルやキャプションを自身で記述する必要が生じる．したがって，図表目次を作る必要がある読者については図表番号にスタイル区切りを利用せず，次節で紹介する数式番号の挿入にのみスタイル区切りを利用するのが妥協点と考えられる．

## 8.4 数式番号の挿入と参照

数式番号の入力についても同じように挿入・参照できる．しかし，ここはWordの振る舞いを逆手に取り，もう少し便利に参照できるようにしてみよう．

適当な数式を入力し，その右側に数式番号を入力する状況を想定している．入力した式の右にカーソルを置き，**参考資料**タブの**図表番号の挿入**を選び，ラベルを適当に決定した後，**ラベルを図表番号から除外する**にチェックを入れる．図表番号の場合と同じように，番号の左右にスタイル区切りを置けば，番号のみを引用できるようになる．

$$\frac{\partial u}{\partial x}+\frac{\partial v}{\partial y}=0 \qquad 1$$

図 74 数式番号とスタイル区切り

ここでよくよく考えてみると，Wordでは，図表番号が含まれる段落全体を図表番号と認識し，図表番号全体を参照すると，段落全てが展開された．これは，番号とスタイル区切りの間に文字を書けば，その文字もまとめて参照できることを示している．数式の場合，必ず括弧付きで引用されるので，数式番号とスタイル区切りの間に括弧を追加しておけば，図表番号全体を参照すると括弧もまとめて引用されるはずだ．

実際にそうなるのかをやってみよう．式を書き，タブなどで適切な隙間を空け，右に揃うように数式番号を**図表番号の挿入**から挿入する．このとき，ラベルは除外しておく．左括弧の左にカーソルを移動し，スタイル区切りを入力する．同様に右括弧の右にカーソルを移動してスタイル区切りを入力する（図 75）．このとき，適切な場所に入力されなければ，カット＆ペーストを活用する．段落のスタイルが崩れた場合は，落ち着いてスタイルを適用し直してほしい．

$$\frac{\partial u}{\partial x}+\frac{\partial v}{\partial y}=0 \qquad (1)$$

図 75 数式番号への括弧の追加

これで入力は完了したので実際に参照してみよう．**相互参照**の**参照する項目**から当該ラベルを選択すると，**参照先**に括弧付きの番号が表示されている．**図表番号全体**を引用すれば，晴れて数式番号が括弧付きで参照されるようになる．**番号とラベルのみ**を選ぶと，相変わらず終わり括弧が入力されないが，今の我々にとってそのような挙動は恐れるに足りない．

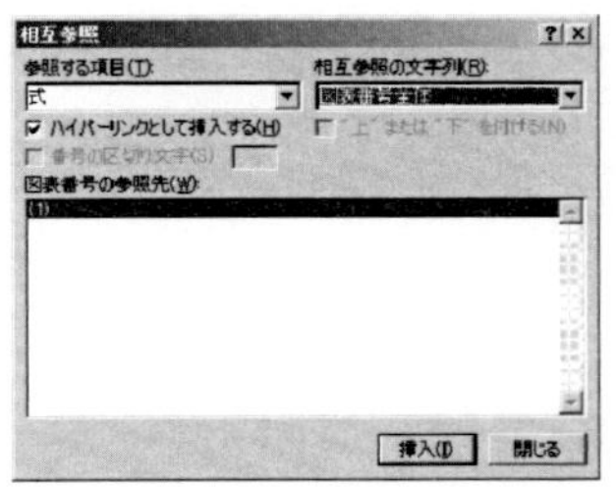


式(1)は非圧縮性粘性流体の質量が保存されることを意味しており，連続の式とも呼ばれる．

図 76 数式番号と括弧の参照

## 8.5 独立数式の保持

数式を入力した後，数式番号を入力しようとタブや括弧を入力すると，数式が独立数式から行中数式へ変換される．この挙動は，“数式の後ろに改行以外を入力した瞬間に行中数式になる”と判断できる．タブやスペースの入力でも変換される．改行が入力できるのであれば，スタイル区切りを入力しても独立数式のままになるはずだ．やってみると確かに独立数式の形式を維持している．

$$\frac{\partial u}{\partial x}+\frac{\partial v}{\partial y}=0 \qquad (1)$$

(a) 数式直後にスタイル区切りを挿入しない場合

$$\frac{\partial u}{\partial x}+\frac{\partial v}{\partial y}=0 \qquad (1)$$

(b) 数式直後にスタイル区切りを挿入した場合

図 77 数式直後のスタイル区切りの有無による数式の形式

独立した行に数式を書く場合には，図 78に示すように，インデント，数式，スタイル区切り，タブ，スタイル区切り，開き括弧，数式番号，終わり括弧，スタイル区切りと並べる．このようにすることで，数式の見栄えを保持したまま番号を参照できるようになる．余分な表を用いる必要もない．このやり方はWordに標準で取り込まれてもよいのではないかと密かに考えている[4].

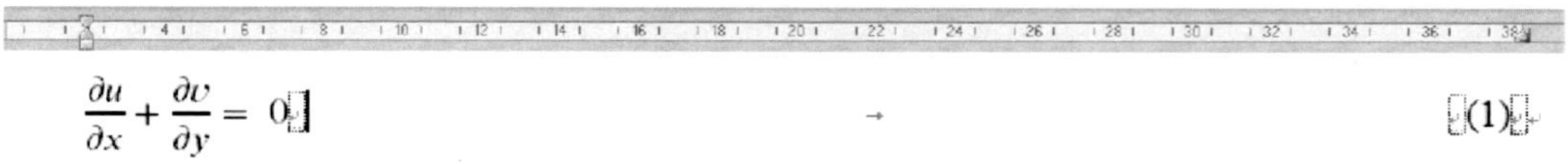

$$\frac{\partial u}{\partial x} + \frac{\partial v}{\partial y} = 0 \quad (1)$$

図 78 数式段落の体裁

## 8.6 相互参照にラベルが出てこない場合

このように，Wordが想定していない使い方をしていると，色々と問題が生じる．ここで紹介している技巧に関連する問題としては，**参考資料**ダイアログに当該ラベルが表示されなくなる事が上げられる．特に，作成したPCとは別のPCで編集する場合によく発生するように感じているが，何が原因かはまだ特定できていない．おそらく，スタイル区切りによってラベルと番号を切り離したことが問題と思われる．

この問題の解決策として，当該ラベルをWordに認識させる作業が必要になる．まず，挿入済みの図表番号[5]にカーソルを移動する．正しく選択できていれば，図表番号がグレーで塗りつぶされる．そこでShift+F9を入力すると，数字が展開されて謎の文字列に置き換わる．この文字列をフィールドコードという．このときに左端の文字列SEQの直後に表示されている文字列がラベルである．もう一度Shift+F9を押して数字に戻した後，**参考資料**タブの**図表番号の挿入**を選び，**ラベル名**ボタンをクリックして**新しいラベル**ダイアログを表示させ，先ほど調べたラベル名を入力し，**OK**を押す．番号を実際に挿入する必要はないのでキャンセルしてダイアログを閉じる．これでラベルがWordに認識される．もう一度**相互参照**のダイアログを開いて見てほしい．ここで認識されていなければ，残念ながら再び番号の挿入からやり直すことになる．

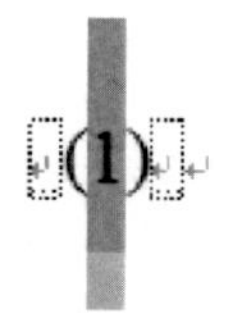

(a) 図表番号の選択

({ SEQ 式 ¥* ARABIC })

(b) 展開されたフィールド

図 79 Wordのフィールドコードの表示とラベルの確認

4. このような泥臭い作業は隠蔽され，数式入力環境としてWordが内部的に処理してくれることが前提だが.

5. 当然のことであるが，図表番号の挿入から入力した式番号も含む.

## 8.7 文献番号の挿入と参照

さて，文献については非常に厄介であることは述べた．いちいちXSLを書いている時間はないが，とりあえずWordを使って文献番号の参照をしたいという場合には，非常に苦しいが回避策はある．書誌情報を記載する順序など参考文献の書式を手動で入力する必要はあるが，引用番号をいちいち手打ちするよりはマシというものだ．

本節では二つの場合について文献番号の引用方法を示す．一方は，文献を第一著者姓のアルファベット順に並べ，文献番号を引用する方法である．他方は，引用順に文献番号を付与し，文献番号順に並べる場合である．

### 文献を第一著者姓のアルファベット順で並べる場合

この場合は，やることは図表番号の挿入とほとんど変わらない．文書末に参考文献の章あるいは節を設けたのち，数式番号の挿入と同じやり方で括弧付きの番号を挿入していく．このとき，文献番号を囲む括弧の右にはスタイル区切りが挿入される．その後，番号の後ろに書誌情報を記述していく．このとき，タブやインデントを使って整形する．

文献番号を引用する場合は，本文中の必要な箇所にカーソルを置き，**参考資料**タブの**相互参照**ダイアログから当該ラベルを選択し，入力していく．このとき，番号の左には特殊文字として改行なしを入力する．このようにすると，本文中で新たに文献を引用すると，自動で文献番号が振り直され，文献一覧の番号も更新される．

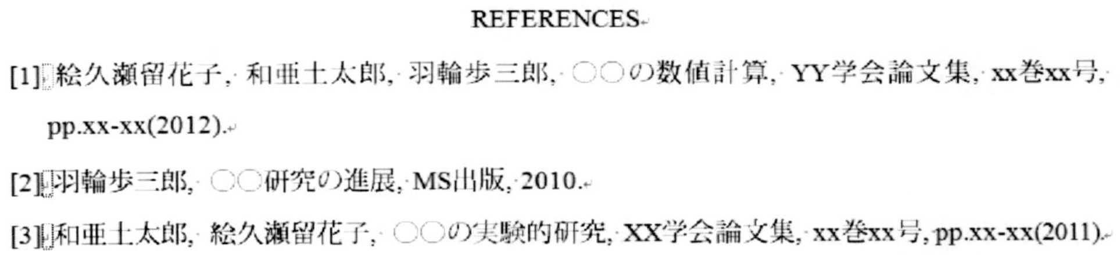

REFERENCES

[1] 絵久瀬留花子, 和亜土太郎, 羽輪歩三郎, ○○の数値計算, YY学会論文集, xx巻xx号, pp.xx-xx(2012).

[2] 羽輪歩三郎, ○○研究の進展, MS出版, 2010.

[3] 和亜土太郎, 絵久瀬留花子, ○○の実験的研究, XX学会論文集, xx巻xx号, pp.xx-xx(2011).

図 80 参考文献一覧の作成と本文中での引用（アルファベット順）

### 文献を引用順に並べる場合

文献が引用順に番号付けられている場合は，少しひねくれている．先ほどは参考文献一覧にある各文献に図表番号を与え，本文中にはその番号を引用したが，今回はその逆をする．つまり，本文中の引用箇所にさしかかった段階で，**参考資料**の**図表番号の挿入**を使い，本文中に番号を挿入する．この番号が文献番号に相当する．このとき，番号の左右をスタイル区切りで区切ることにより，前後の文章と文献番号が切り離される．なお，引用した文献番号のみが行頭に送られるのを防ぐために，スタイル区切りの左には特殊文字の改行なしを入力しておく．

参考文献一覧を作成するときは，書誌情報の前に番号を参照する．このような参照方法にすることで，引用文献が新たに増えた場合にも対応できる．

REFERENCES

[1]和亜士太郎, 絵久瀬留花子, ○○の実験的研究, XX学会論文集, xx巻xx号, pp.xx-xx(2011).

[2]絵久瀬留花子, 和亜士太郎, 羽輪歩三郎, ○○の数値計算, YY学会論文集, xx巻xx号, pp.xx-xx(2012).

図 81 本文中での文献番号の挿入と参考文献一覧での引用

REFERENCES

[1]羽輪歩三郎, ○○研究の進展, MS出版, 2010.

[2]和亜士太郎, 絵久瀬留花子, ○○の実験的研究, XX学会論文集, xx巻xx号, pp.xx-xx(2011).

[3]絵久瀬留花子, 和亜士太郎, 羽輪歩三郎, ○○の数値計算, YY学会論文集, xx巻xx号, pp.xx-xx(2012).

図 82 参考文献が追加された場合

## 8.8 文書パーツの活用による効率化

クイックパーツ[6]とは，定型句の入力の簡略化を図る機能である．入力の方法によっては，定型句として入力した項目を一括で変更できるようになる．この機能を利用し，数式入力時の段落書式設定の簡略化，および図表ラベル変更の簡略化について説明する．

数式入力時の段落書式設定の簡略化

本章では，スタイル区切りを軸に，Wordの相互参照機能の改善について紹介してきた．特に数式番号を参照できるようになったことに極めて大きな意味がある．しかしながら，独立数式の形式を保ちながら数式番号を参照できるようにするには，その段落においてインデント，数式，スタイル区切り，タブ，スタイル区切り，開き括弧，数式番号，終わり括弧，スタイル区切りを並べなければならない．ある程度はスタイルで対応できるが，やはり毎回スタイル区切りを入力するのは手間である．これについては，文書パーツを利用することで数式入力にかかる作業を数クリックまで減らすことができる．

まずは数式用のスタイルを確認しておこう．スタイルで設定しなければならない項目は，インデント幅および数式と数式番号間に置くタブの設定である．これについては，一度適当な段落でインデントやタブの設定をして数式スタイルを作り，段落を選択状態にし，**スタイル**ウィ

6. 教えて！ HELPDESK http://office-qa.com/index.htm（accessed at Oct. 1st）

ンドウあるいはクイックスタイルにおいて当該スタイルの右クリックメニューから**スタイルを選択箇所と一致するように更新する**を選ぶと手軽である.

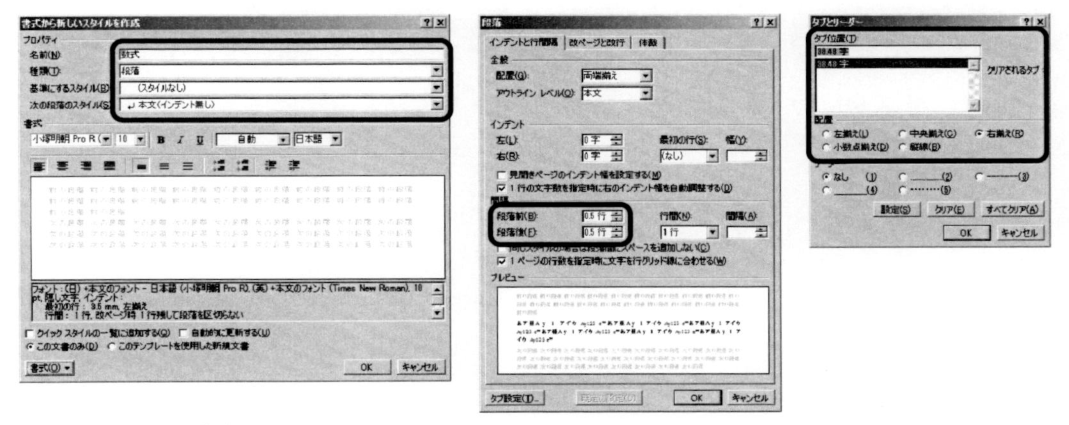

図 83 数式スタイルの作成

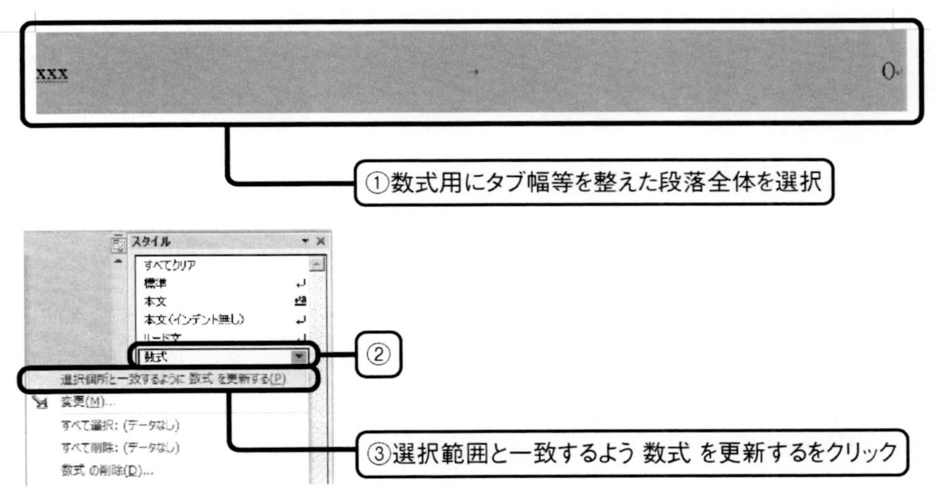


図 84 数式スタイルの簡単な更新

段落の体裁が整ったら, 数式, スタイル区切り, 数式番号を挿入する. このとき, 数式の挿入は最後に行うのであるが, スタイル区切りのすぐ左にカーソルが存在している状態で**数式**を挿入すると, 数式入力の際に数式下に点線が引かれる. この状態になると, 数式が印刷時に表示されなくなってしまう. これを回避するには, スタイル区切り記号の左に何らかの文字をコピー＆ペーストし, さらにその左に数式を挿入した後, 当該文字を削除する.

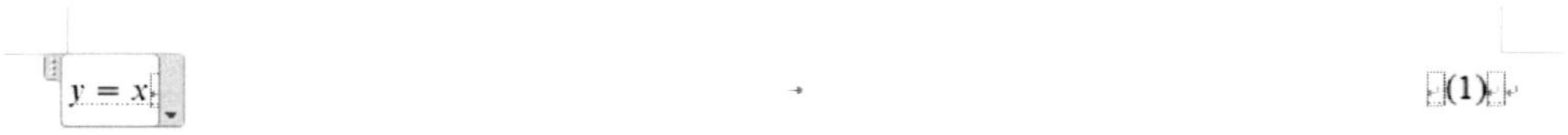

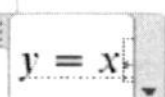


(a) スタイル区切り左にカーソルを置いた状態で挿入した数式

(b) スタイル区切り左に余分な文字をペースト

(c) 余分な文字を挟んで挿入した数式

図 85 数式コンテンツコントロールの挿入

ここまでできたら，段落全体を選択状態にし，**挿入**タブの**クイックパーツ**から，**選択範囲をクイックパーツギャラリーに保存する**をクリックする．このとき，定型句の名前などを登録する．分類は全般になっているが，プルダウンメニューから新しい分類の作成を選択すれば，任意の分類名で登録できる．これはクイックパーツに表示されるときにまとまって表示されるかどうかの違いでしかない．保存先は標準でBuilding Blocks.dotxとなっている．これは定型句を登録して配布するために設けられているファイルである．

他の計算機環境でも同じ定型句を使いたい場合には，このファイルを当該計算機環境にコピーすればよい．文書テンプレート自体に登録することもできる．テンプレート自体を配布する場合には，文書テンプレートに登録した方がよいだろう．オプションについては，今回の状況では**内容のみ挿入**でも**内容を段落のまま挿入**のどちらでもかまわない．一度クイックパーツに登録しておけば，登録されたパーツの一覧から，数式入力用の体裁を数式番号が付与された状態で挿入できるようになる．

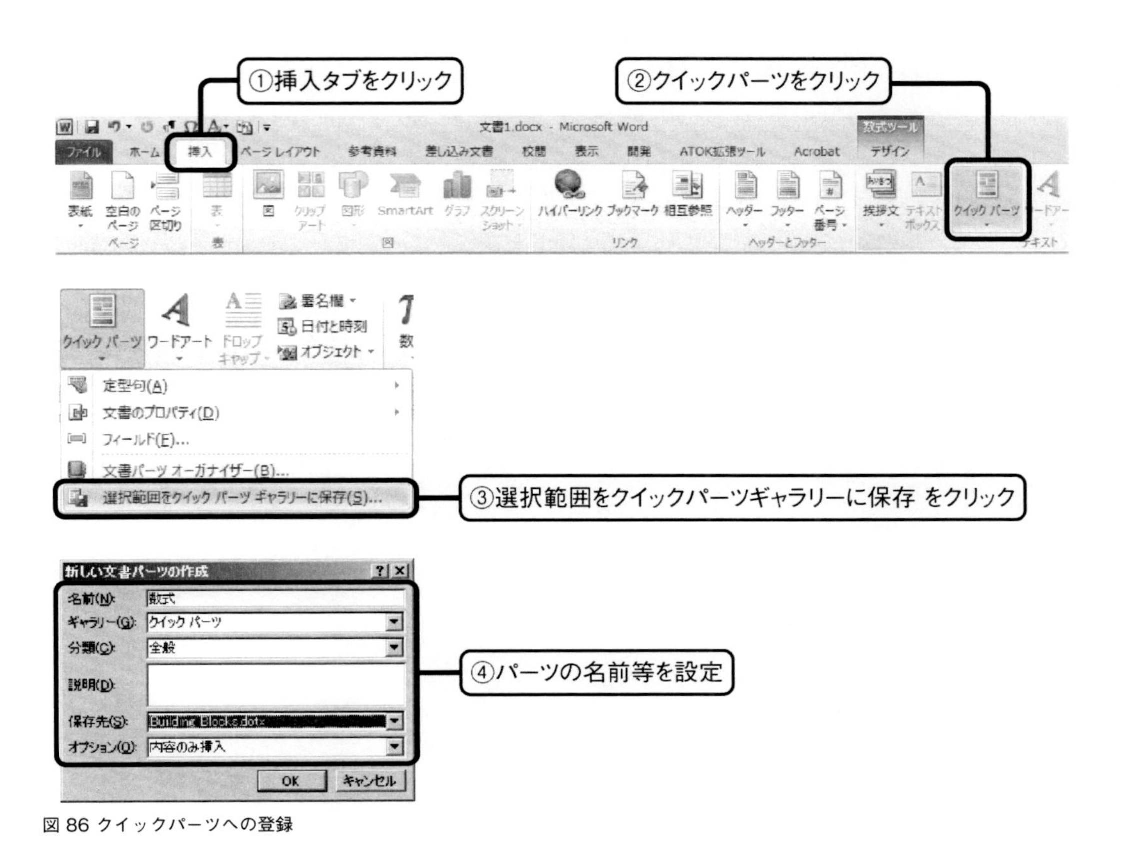


図 86 クイックパーツへの登録

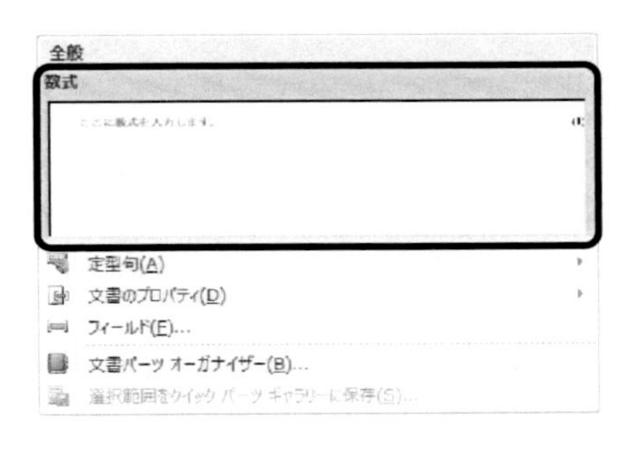


ここに数式を入力します。 (2)

図 87 クイックパーツからの挿入

## 図表ラベル変更の簡略化

図表ラベルについても，同様にクイックパーツに登録する．このとき，登録する名前はアルファベットでなるべく短く，わかりやすくしておく．ここではFigLabelと名付けた．入力する場合は，クイックパーツからではなく，Wordのフィールドとして入力する．ラベルを入力したい箇所で日本語入力を無効にして Ctrl+F9 を押すと，フィールドを入力する枠が挿入される．定型句はAutotextと呼ばれるパーツに属しているので，中括弧の中にAutotextパーツ名を入力する．このとき，パーツ名には先ほど付けたラベル名（FigLabel）を入力する．入力ができたら Shift+F9 を押してフィールドコードを非表示にする．このとき，一度何も表示されなくなるが，入力していた箇所を選択して F9 を押すと登録された文字が展開される．フィールドとして入力したラベルはコピー＆ペーストで別の箇所に貼り付けられる．

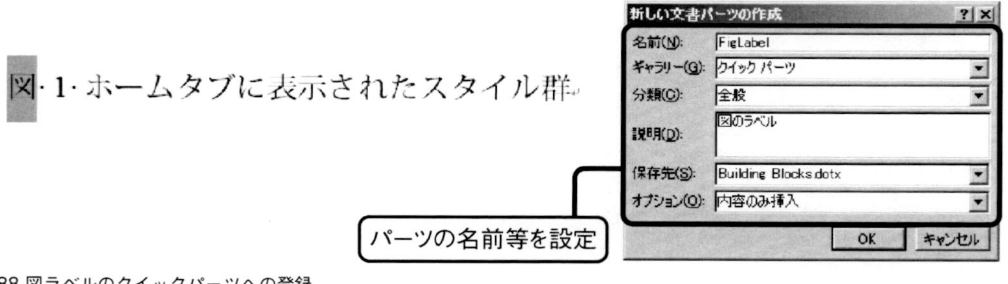


図 88 図ラベルのクイックパーツへの登録

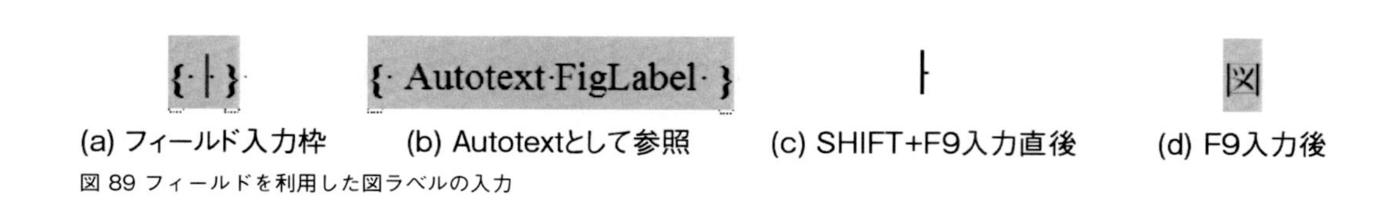


図 89 フィールドを利用した図ラベルの入力

図表ラベルを図からFig.に変更したくなったら，本文のどこかにFig.と書いて上と同じ手続きでクイックパーツに登録し直す．このとき，ラベル名は同一（FigLabel）とする．文書パーツを設定し直すか問われるので**はい**を押す．正しく登録できていれば，クイックパーツの当該パーツのプレビューが更新されている．登録ができたら既に入力したラベルを選択して F9 を押せば更新される．ラベル一つずつを選択して F9 を押さなくても， Ctrl+A で全文を選択して F9 を押せば，全てのラベルが更新される．

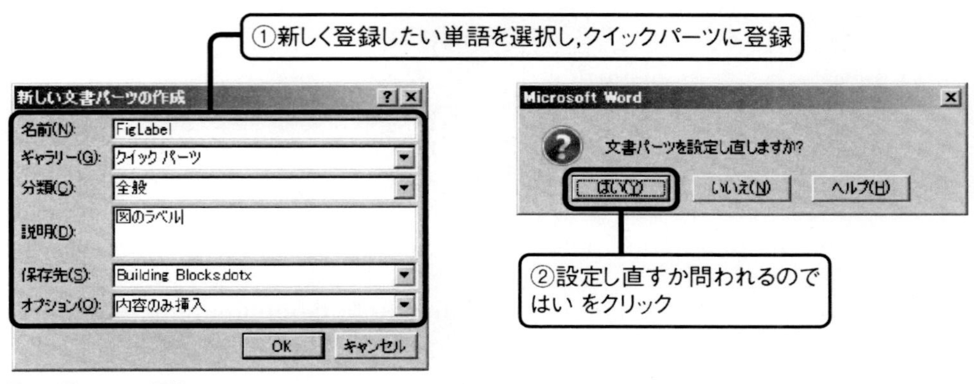


図 90 図ラベルの更新

(a) FigLabel変更前

(b) FigLabel登録後

図 91 更新結果の確認

この方法を用いれば，図表のラベルだけでなく，文献引用時の括弧を角括弧[]から丸括弧()に切り替えることもできる．極めて便利かと問われればそうでもなく，まだまだ面倒であるが，全て手作業をするよりは幾分マシという程度である．

# 第9章 高度な検索と置換

本章では，Wordの検索と置換機能に焦点を当て，特殊文字を使った置換や書式の置換を実行する．

## 9.1 基本的な検索と置換

Wordで検索をするには2通りの方法がある．一つは**ナビゲーション**ウィンドウの検索ボックスから行う方法であり，CTRL+Fで呼び出される検索機能である．もう一つは，**ホーム**タブにある**置換**ボタンをクリックして呼び出す**検索と置換**ダイアログから行う方法である．ショートカットキーはCTRL+Hである．

Wordで検索をする場合，標準で日本語のあいまい検索が有効になっている．このあいまい検索は類似の単語や全角半角を区別せずに検索できて非常に柔軟なのだが，単純にある単語を置き換える用途では迷惑になることもある．用途に応じて検索と置換ダイアログのオプションから無効にしておこう．その他検索オプションをみると，大文字と小文字の区別や完全一致，ワイルドカードなど一通りのオプションが利用できる．使いこすと検索の幅が広がるが，本章では本書執筆時に利用した検索と置換の機能のみを簡単に紹介する．

## 9.2 脚注記号の装飾

6.4節において，論文等で著者所属を表す「*1（記号＋可変数字）」のような脚注記号を付けることはできないと述べた．ではどのようにすればよいかというと，数字を脚注記号として脚注を挿入し，一通り脚注を挿入し終えた後で，脚注記号を*+脚注記号に置換するのである．このとき，**あいまい検索**と**ワイルドカードを使用する**オプションは無効化する．

脚注記号を検索するには，**検索と置換**ダイアログの**検索する文字列**のテキストフィールド内をクリックした後，**特殊文字**ボタンをクリックし，展開されたメニューから**脚注記号**を選択する．検索する文字列として**^f**が入力される．これが脚注記号を検索する特殊文字である．次に**置換後の文字列**のテキストフィールドをクリックした後，**特殊文字**ボタンの**検索する文字列**を選択する．置換後の文字列として**^&**が入力される．この特殊文字の左にアスタリスクを入力して**置換**ボタンを押せば，脚注記号が[1,2,3...]から[*1,*2,*3...]に置換される．

②脚注記号 をクリック
③検索する文字列 をクリック
①検索する文字列のテキストボックスにカーソルを置いて特殊文字を展開
④置換後文字列のテキストボックスにカーソルを置いて特殊文字を展開

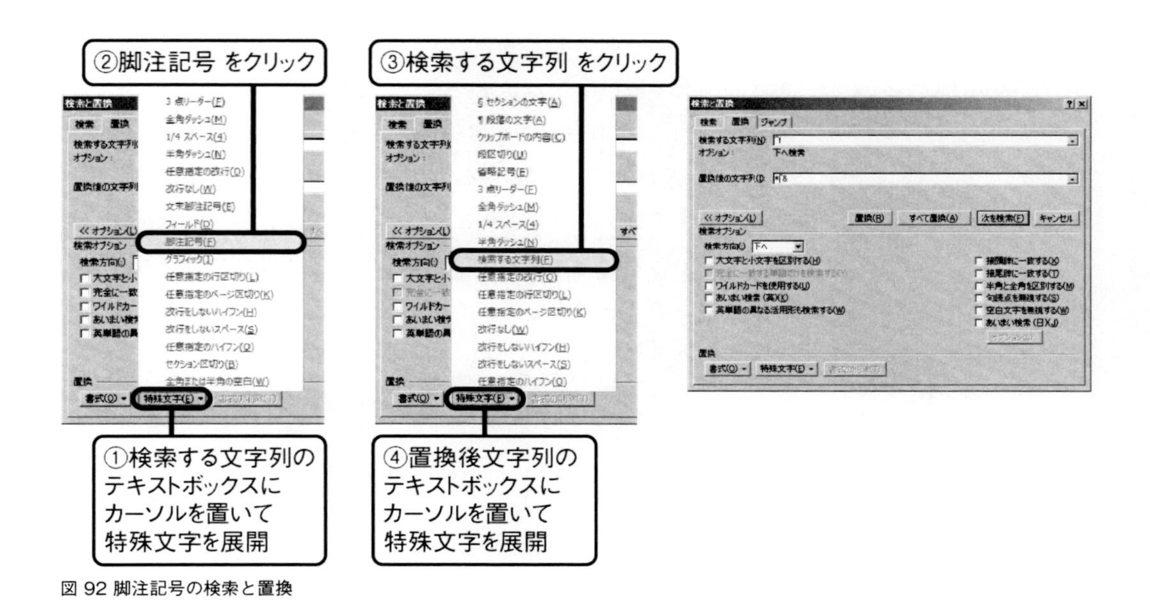

図 92 脚注記号の検索と置換

種々の制御記号（特殊文字）を使いこなすことになる．我々が従来やっていた行為，つま
What You See Is What You Getの略であり，印刷結果と画面表示を一致させる技術である．

(a) 脚注記号置換前

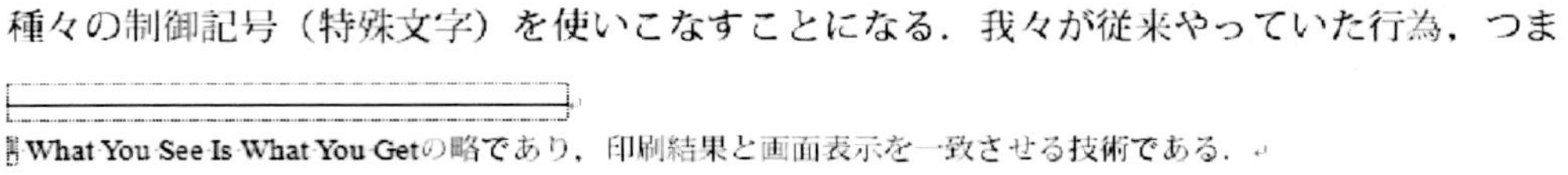

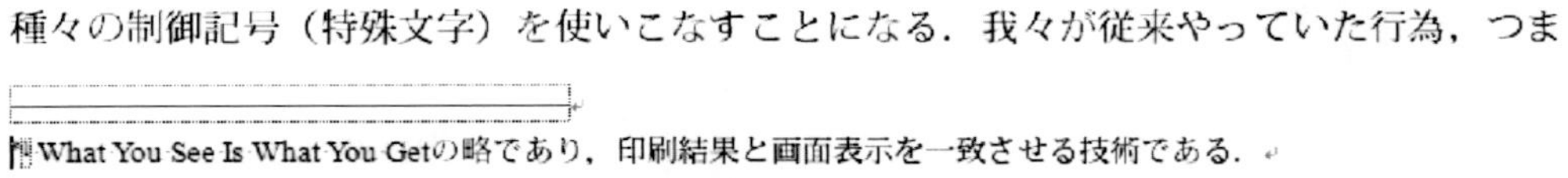

種々の制御記号（特殊文字）を使いこなすことになる．我々が従来やっていた行為，つま
What You See Is What You Getの略であり，印刷結果と画面表示を一致させる技術である．

(b) 脚注記号置換後

図 93 脚注記号の置換結果

## 9.3書式の検索と置換

Wordの高度な検索では，特殊文字だけでなく書式も検索できる．書式の検索はWordのスタイルとの親和性が非常に高い．検索する文字列を空白にしたまま検索する文字列の書式を指定すると，当該の書式の段落全てが検索結果として抽出される．この機能を利用することで，段落や文字に適用したスタイルを一括して置換できる．応用例を見てみよう．

応用例：文書テンプレートの適用とスタイルの一括置換

本書では，Wordの文書テンプレートを利用して新規文書を作成する手順を書いてきた．し

かし，読者の中には，文書をベタ書きし，その後文書テンプレートを適用したいと希望する人が少なからずいるはずだ．書式の検索と置換はこの要望に応えてくれる．

Wordの文書は文書テンプレートを基に作成されると述べているが，その情報は設定しなければ確認できない．文書テンプレートの情報は**テンプレートとアドイン**ダイアログで確認できるが，リボンを眺めてもそのようなダイアログを開くボタンはない．**テンプレートとアドイン**ダイアログは，標準では非表示にされている**開発**タブに存在する．**ファイル**タブの**オプション**から**リボンのユーザ設定**を開き，**リボンのユーザ設定**（ダイアログの右側）にある**開発**のチェックを入れるとリボンに**開発**タブが表示される．

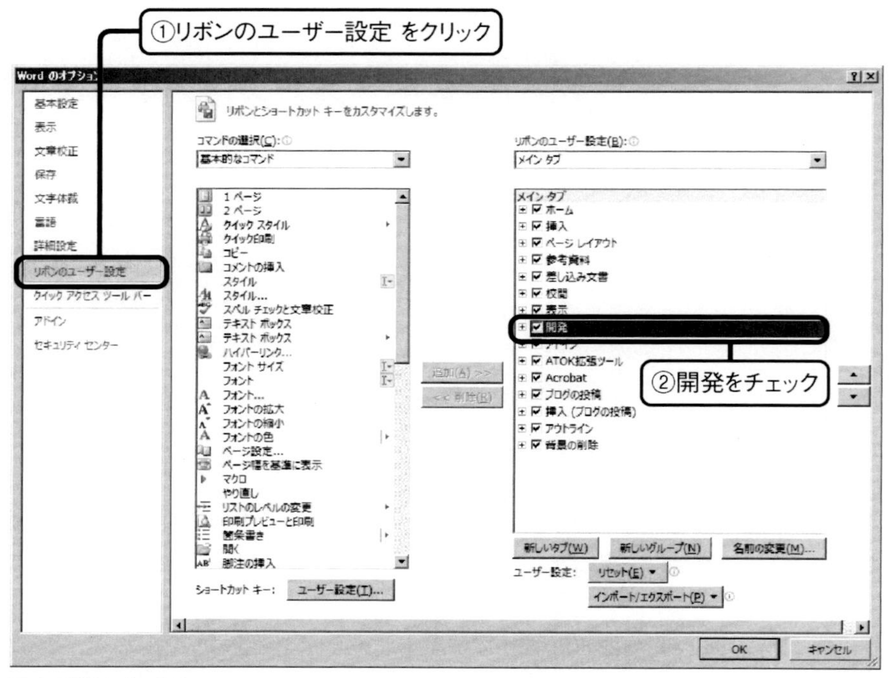


図 94 開発タブの表示

**開発**タブの**文書テンプレート**をクリックすると，無事に**テンプレートとアドイン**ダイアログが開く．その設定が煩わしいなら，Officeのアクセスキー[1] ALT+T, I で呼び出すことができる[2]．**テンプレート**タブの**文書の作成に使用するテンプレート**に文書テンプレートのフルパスが表示される．Normal.dotmを基に作成された文書には，Normalとだけ書かれている．添付ボタンをクリックして所望の文書テンプレートファイルを選ぶことで，文書の基になるテンプレートが変更される．このとき，**文書スタイルを自動で更新する**にチェックを入れておこう．無事にテンプレートが適用されて，文書のデザインが変わっているはずだ．

1. 複数のストロークからなるショートカットと考えて問題ない．

2.ALTを押したまま，Tを押して放し，続けてIを押して放す．

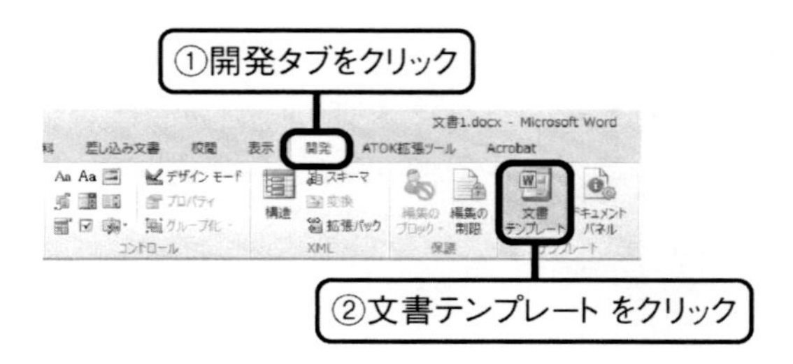


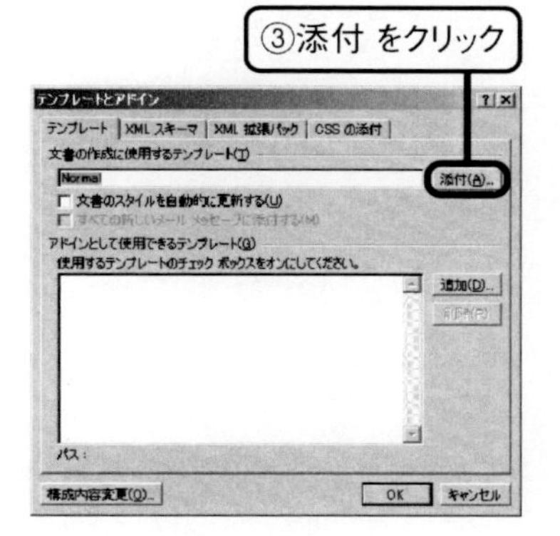


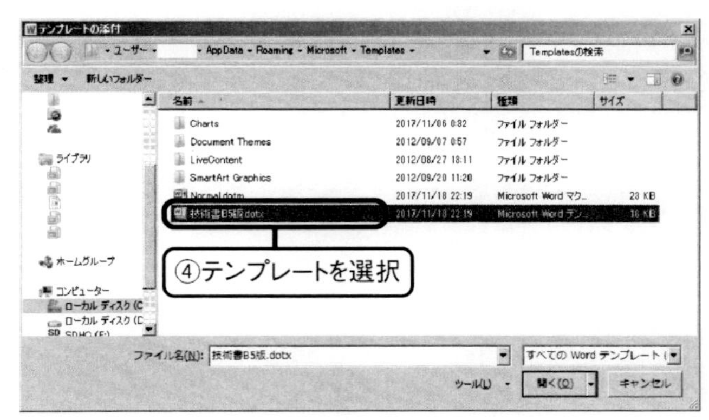


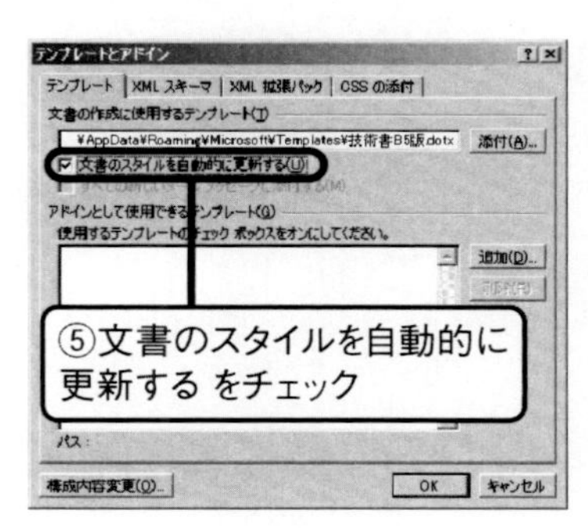

図 95 文書テンプレートの変更

ところで，本書で作成した文書テンプレートでは，本文の書式を定めるために**本文**スタイルを使っていた．しかし，Normal.dotm を基にした文書では，本文は**標準**スタイルに従っている．新しい文書テンプレートに適合させるために，書式の置換を行う．**検索と置換**ダイアログの**置換**タブにおいて，**検索する文字列**にカーソルを移動して**書式**ボタンをクリックし，メニューから**スタイル**を選ぶ．**文字/段落スタイルの検索**ダイアログにスタイルの一覧が表示されるので，その中から**標準**を探して選択する．次に**置換後の文字列**にカーソルを移動させ，先ほどと同様に**文字/段落スタイルの検索**ダイアログを呼び出す．ここで**本文**指定し，置換すれば**標準**スタイルを利用している箇所全てが**本文**スタイルに置換される．

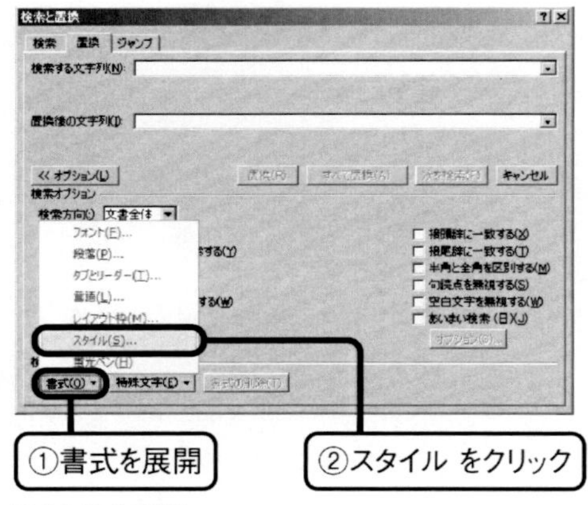


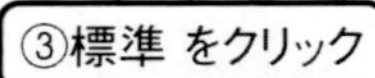


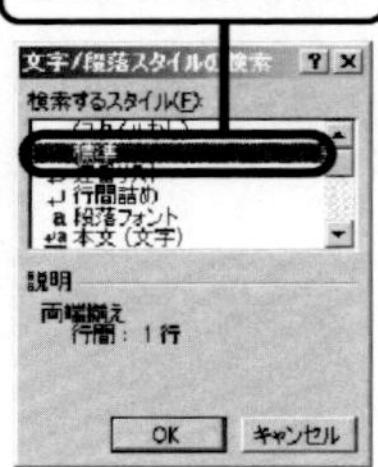

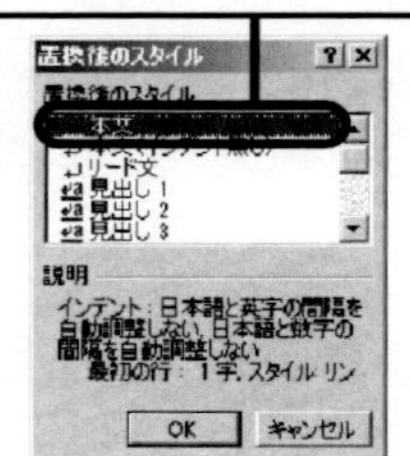


図 96 書式の置換

# 第10章 目次，図表目次の作成

本章では，Wordの機能を利用して手軽に目次を作成する．加えて，章や節からなる目次だけでなく，図表目次の作成についても言及する．

## 10.1 目次の必要性

我々が目次を作成するのは，技術書や学位論文などかなり長文の技術書を執筆したときと想定される．目次は内容の一覧性を高めるだけでなく，どのような内容が書かれているかの推定が容易になり，読者が当該書籍を購入するかの判断を助ける．WordであろうがTeXであろうが，その作成は大した労力ではないので，技術書や学位論文を書いた際には，目次は是非とも作成しておきたい．

## 10.2 目次の作成

スタイルを正しく適用できていれば，目次の作成は拍子抜けするほど容易である．**参考資料**タブの**目次**をクリックし，組み込みの一覧に表示されている目次を選べばよい．表示する項目を章に限定する，あるいはもっと下位の項目（小々節や項など）まで表示したい場合には，**目次**をクリックすると展開されるメニューから**目次の挿入**をクリックし，**目次**ダイアログの**目次**タブから設定する．目次を作成した後に内容に変更があった場合でも，目次そのものを編集する必要はなく，**参考資料**タブの**目次の更新**から更新作業を行うだけである．**目次の更新**をクリックすると**目次の更新**ダイアログが開き，ページ番号だけを更新するか，目次全てを更新するかを選ぶことができる．ページ番号だけを更新すると，目次に記載された項目のページ番号だけが更新される．目次全てを更新すると，実質的な目次の作り直しとなり，目次に記載される項目も含めて全ての項目が更新される．

図 97 目次の挿入

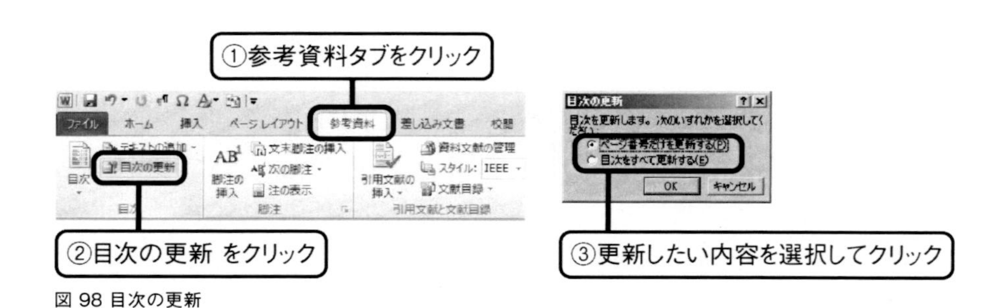


図 98 目次の更新

## 10.3 目次に掲載する項目の選択

目次に掲載される項目は，その項目に適用されているアウトラインレベルによって決定される．そのため，前書き（本書についてなど）の見出しにも本文と同じスタイルを使っていると，目次に掲載される．それらを載せるつもりがない場合には，手動で削除する．目次に特定の見出しを載せないようにする方法には，残念ながらたどり着かなかった．Wordでは，どうやら目次は手動で更新しない限りは更新されないようである．そのため，目次に掲載したくない項目を手動で削除したり，目次に文字を追加したりした場合は，**目次の更新**から**ページ番号だけを更新する**ようにしておけばよい．

目次に掲載する項目を選択する他の方法としては，目次に掲載したくない項目のアウトラインレベルを本文に変更する方法がある．アウトラインモードから設定するか，スタイルを複製してアウトラインレベルを本文にすることで，目次に掲載されない見出しを作る事はできる．しかしナビゲーションウィンドウに表示されなくなるし，アウトラインモードでの階層化も崩れてしまう．

前書きを目次に掲載しないようにしたとしても，第1章が1ページ目からは始まっていないだろう．これについては第11章で対策する．

## 10.4 図表目次の作成

修士論文や博士論文に掲載した図が多い場合には，目次以外に図表目次を作成することで読者への利便を図る．図表目次は同じく**参考資料**タブの**図表目次の挿入**から作成できる．**図表目次の挿入**ダイアログが表示されたら**図表番号のラベル**のプルダウンメニューを展開し，目次を作りたいラベルを選択するだけである．

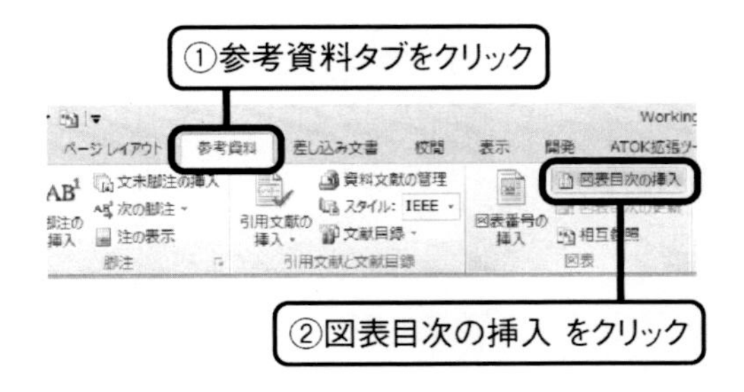


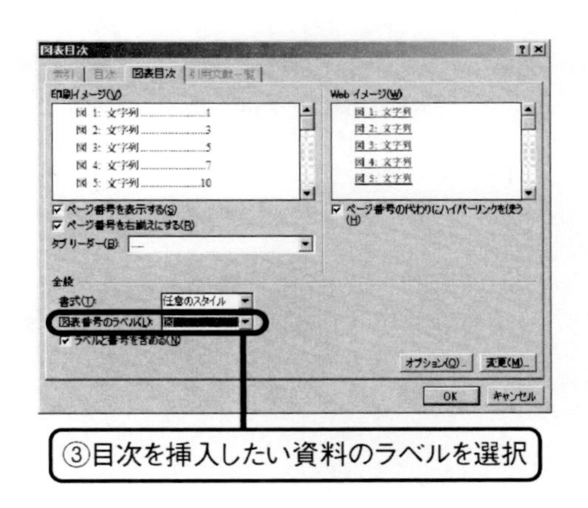


図 99 図表目次の挿入

なお，8.3節でも言及したが，スタイル区切りを利用して図表番号のみを参照できるようにすると，この図表目次を作成する際に図表番号とページ番号しかリスト化されず，ラベルやキャプションを手動で作成することになるので注意されたい．

# 第11章 ページ番号，ヘッダーおよびフッター

本章では，技術文書執筆の最後を締めくくる項目として，ページ番号の付与も含めてページのヘッダーとフッターの設定について述べる．

## 11.1 ヘッダー・フッター設定の大まかな流れ

目次まで作ったのはよいが，これまではページ番号には全く触れてこなかった．単純にページ下部中央にページ番号を入れるだけであれば大した苦労ではないのだが，見開きページの左右でヘッダーを分けたり，章の最初のページのデザインを変更したりする場合にはそれなりの手間がかかる．

ヘッダー・フッターを設定する手順は以下の通りである．

1. ヘッダー・フッターの位置を設定する．
2. 偶数，奇数ページで異なるヘッダー・フッターを使うよう設定する．
3. 前書きと本文で異なるヘッダー・フッターの設定を分離する．
4. 前書きにヘッダー・フッターを挿入する．
5. 本文1ページ目にページ番号を挿入する．このとき，前書きと異なるページ番号を使う場合にはページ番号を振り直す．
6. 偶数ページのヘッダーを設定する．
7. 奇数ページのヘッダーを設定する．

次節より，この手順に沿って説明をしていく．なお，全ページに共通のヘッダー・フッターの書式を用い，ページ番号も通しで付与する場合には，手順の1と4を実行するだけでよい．

## 11.2 ヘッダー・フッターのページ設定

ヘッダー・フッターをいきなり編集し始める前に，それぞれの領域を確認しておこう．**ページ設定**ダイアログの**その他**タブで確認できる．ヘッダー・フッターが本文に食い込むのは避けなければならない．ヘッダー領域あるいはフッター領域をダブルクリックすると，ヘッダー・フッターの編集画面に移行するので，そのカーソルの位置で判断しよう．

ここでは，ページ下部中央にページ番号を置く際，ページの低い位置に配置したいのでフッターの用紙端からの距離を10 mmとした．つまり，ページ下部から1 cmの位置にページ番号が配

置される．

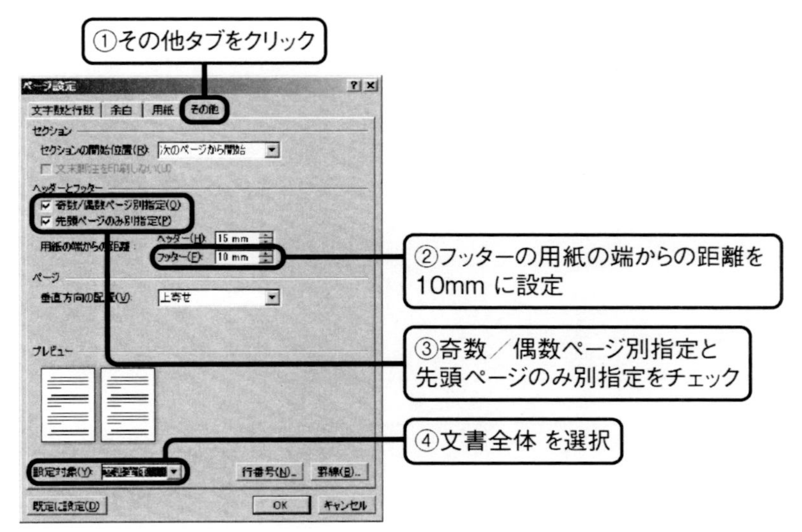


図 100 余白およびヘッダー／フッターの設定

次に，奇数・偶数ページでヘッダーを分ける設定を行う．書籍の多くは，ページ番号が書かれている位置が偶数ページと奇数ページで異なる．また，ヘッダーに章題目などが書かれている．こういうかっこいいヘッダーやフッターを採用すると，なんとなく内容も良くなったように感じるのである．**ページ設定**ダイアログの**その他**タブから，**奇数／偶数ページ別指定**にチェックを入れる．また，そのちょうど下にある，**先頭ページのみ別指定**にもチェックも入れる．つまり，先頭ページ，奇数・偶数ページ用の3種類のヘッダー・フッターを準備していく事になる．

## 11.3 ヘッダー・フッターの設定の分離

Wordではヘッダーをページ毎に設定できるのだが，そんな手間のかかることは通常は行わない．前ページと同じデザインを使う設定が有効化されているので，先頭ページでのみデザインを設定すれば，その設定が全てのページに反映される．

前書き，章の先頭ページ，本文の偶数ページおよび奇数ページでヘッダー・フッターのデザインを分けるならば，前ページと同じデザインを使う設定を局所的に無効化する．ヘッダーもしくはフッターをダブルクリックして編集モードに入り，本文の最初に出てくるセクションの先頭ページ，偶数ページ，奇数ページにおいて，前と同じヘッダー・フッターを使う設定を無効化する．**デザイン**タブの**前と同じヘッダー／フッター**をクリックして無効化する．

この作業は，ヘッダーとフッター双方で行う必要がある．ちなみに，章の終わりにセクション区切りを挿入したのは，セクションの先頭ページで他とは違うヘッダー・フッターのデザインを使うためだったのである．

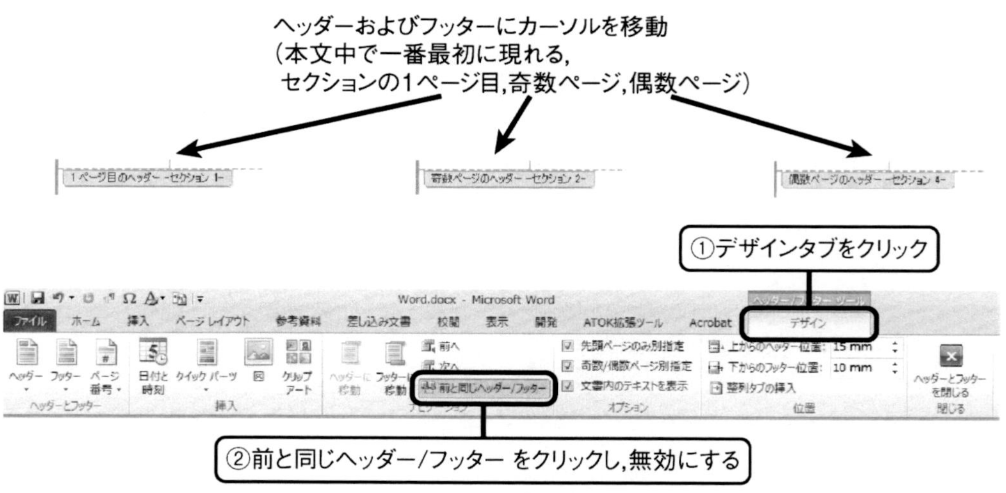


図 101 前書きと本文で異なるヘッダー／フッターを利用するための設定

## 11.4 前書きへのページ番号の挿入

前書きではページ番号をページ下部中央にローマ数字で記載することがある．この設定をするためには，前書きに移動してフッター領域をダブルクリックして編集モードに入り，**デザイン**タブの**ページ番号**をクリックし，展開されたメニューから，さらに**ページ下部**のメニューを展開する．番号のみ２をクリックしてページ下部中央にページ番号を挿入する．標準ではページ番号がアラビア数字で標記されているので，**ページ番号**のメニュー下部にあるページ番号の書式設定をクリックして**ページ番号の書式**ダイアログを表示し，**番号書式**からローマ数字で書かれた項目を選択する．

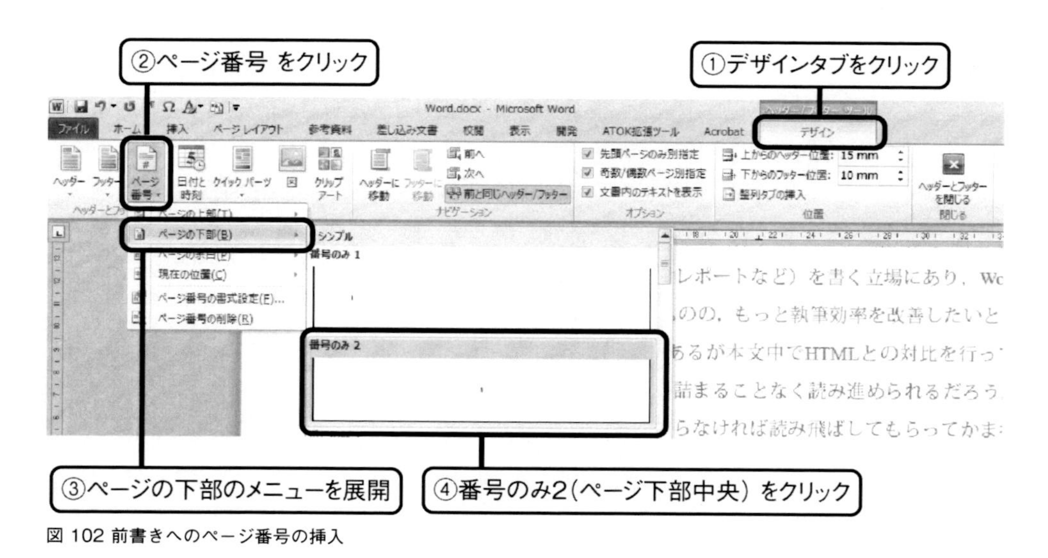


図 102 前書きへのページ番号の挿入

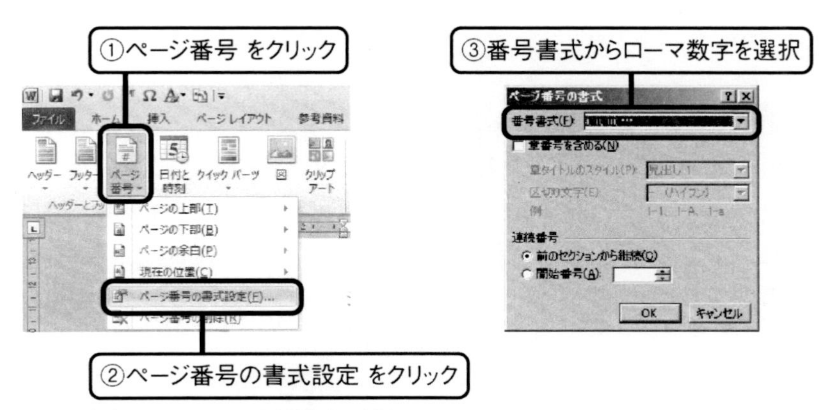

図 103 前書きにおけるページ番号書式の変更

## 11.5 セクション先頭ページの設定

各章の先頭ページにはヘッダーを書かず，ページ番号中央にアラビア数字でページ番号を記載する設定を行ってみよう．ページ番号の挿入は前書きと同じであるので，前節を参考にページ番号をページ中央下部に挿入する．ただし，ページ番号が前書きからの続きになるので，本文からページ番号を振り直す設定を行う．これは**ページ番号の書式**ダイアログの**連続番号**の項目から**開始番号**を選択し，その値を1に設定する．

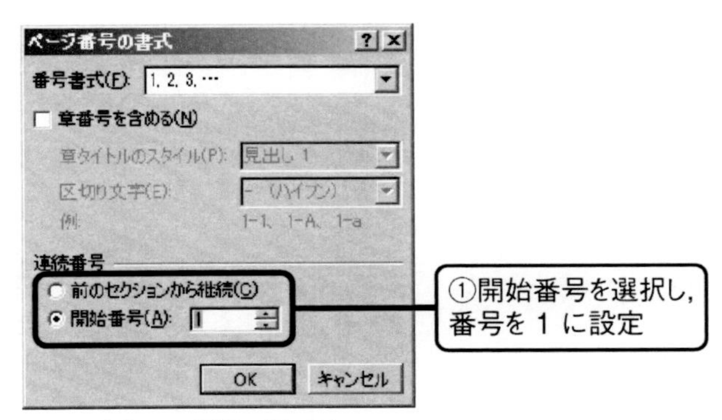

図 104 本文ページ番号の振り直し

## 11.6 偶数および奇数ページの設定

書籍のデザインによくみられるが，偶数ページの場合にページ番号を左端，その隣に章番号および章題目を記し，奇数ページでは，ページ番号を右端，その前方には節題目を記載する設定もできる．書籍の冒頭，目次，および章先頭ではヘッダーは空白であり，ページ下部中央にページ番号を記載する．ヘッダーのデザインは，Word 2010に組み込まれたデザインを用いる．

まずは偶数ページのヘッダーを設定する．ヘッダー領域をダブルクリックして編集モードにし，**デザイン**タブの**ヘッダー**から強調線1を選択する．これでページ番号は挿入されるが，ヘッダーに章題目を表示するデザインは用意されていないので，Wordの機能を利用して挿入する．ヘッダーを編集している状態で，**デザイン**タブ（**挿入**タブ）の**クイックパーツ**から**フィールド**を選択し，**フィールド**ダイアログの**フィールドの名前**からStyleRefを選択する．**フィールドプロパティ**の**スタイル名**から見出し1[1]を選択する．このとき，**フィールドオプション**の**段落番号の挿入**にチェックを入れるとラベル付きの章番号が表示される．つまり，章番号と章題目を挿入するには，2回同じ作業を行う必要がある．各作業では，このチェックを入れるか否かが異なる．奇数ページでは，偶数ページと全く同じように作業し，**スタイル名**に見出し2を選択する．

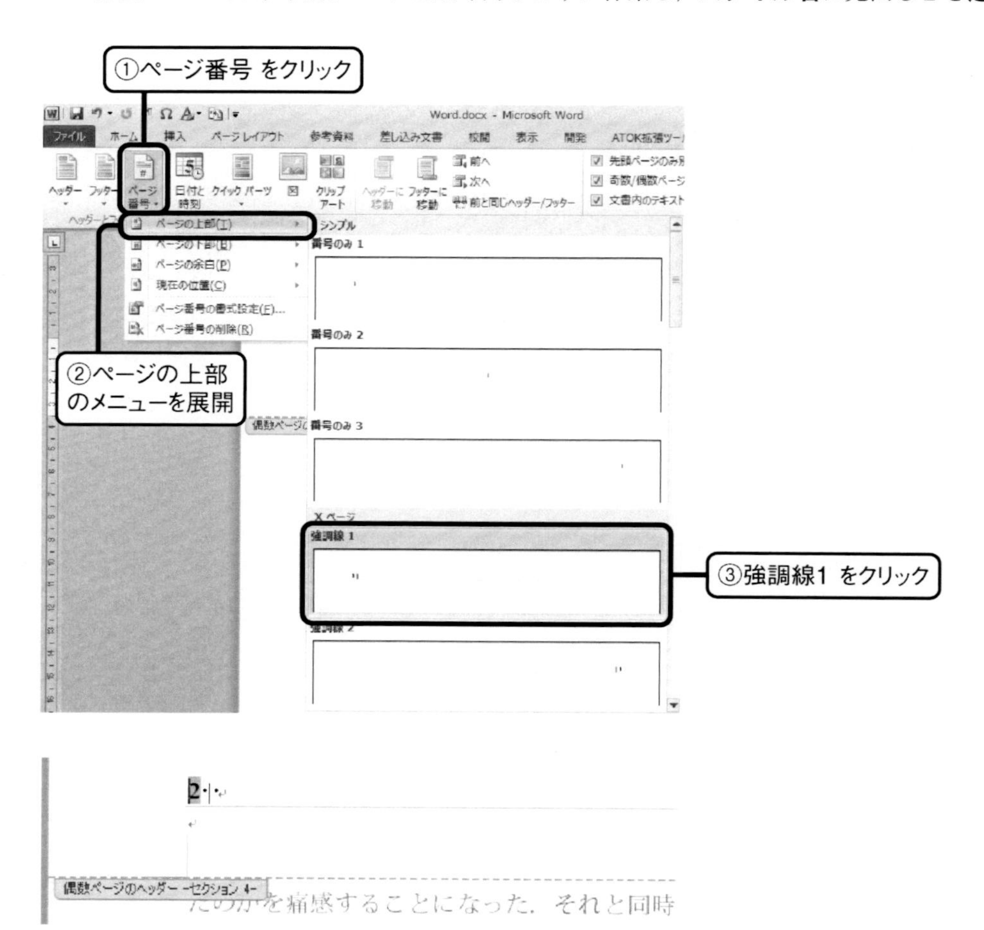


図 105 偶数ページヘッダーへのページ番号の挿入

1. 各人の状況に応じて，章の見出しに用いたスタイルに置き換える．

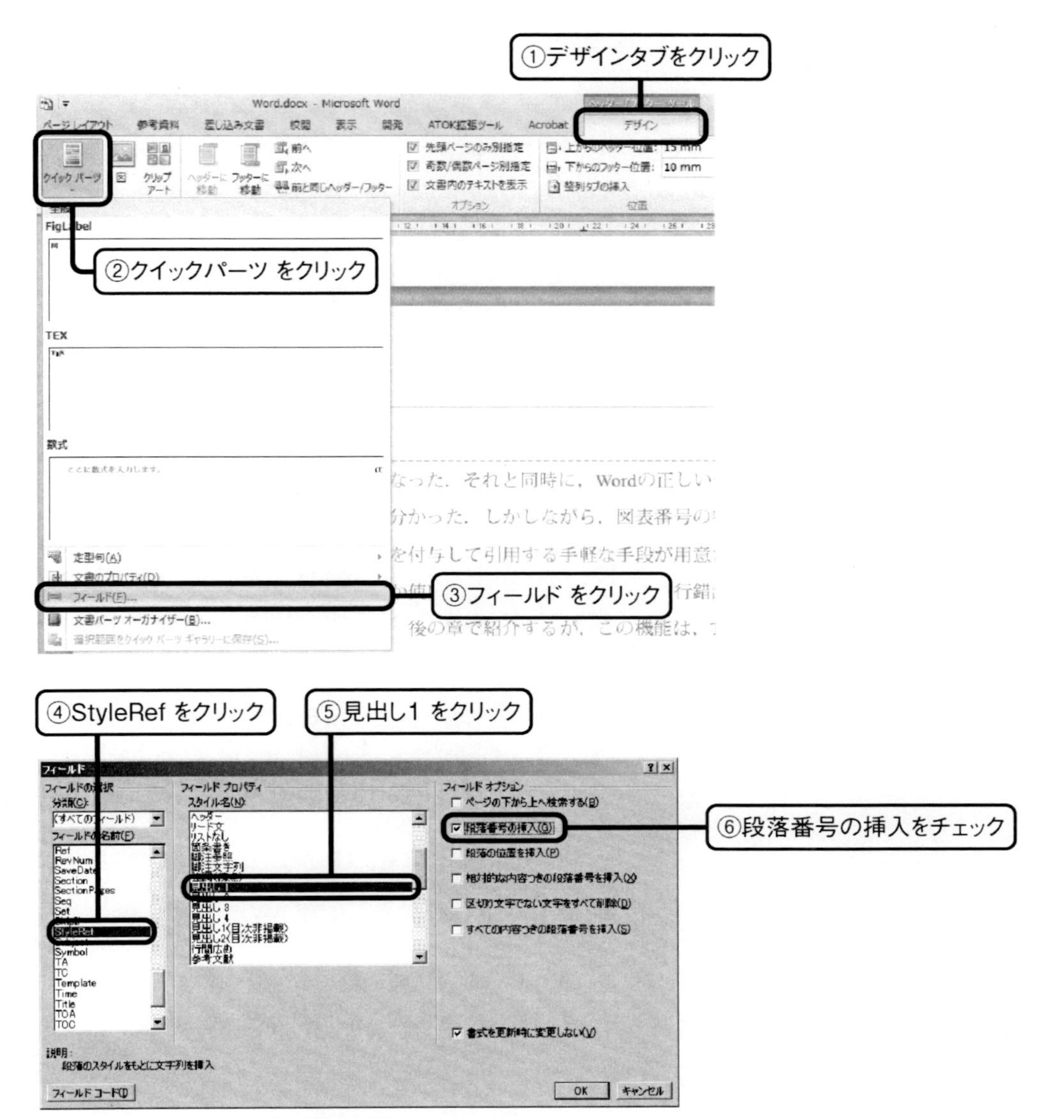


図 106 偶数ページヘッダーへの章番号の挿入

(a) 段落番号の挿入をチェックしてフィールドを挿入した結果

(b) 段落番号の挿入をチェックせずにフィールドを挿入した結果

図 107 偶数ページヘッダー完成版

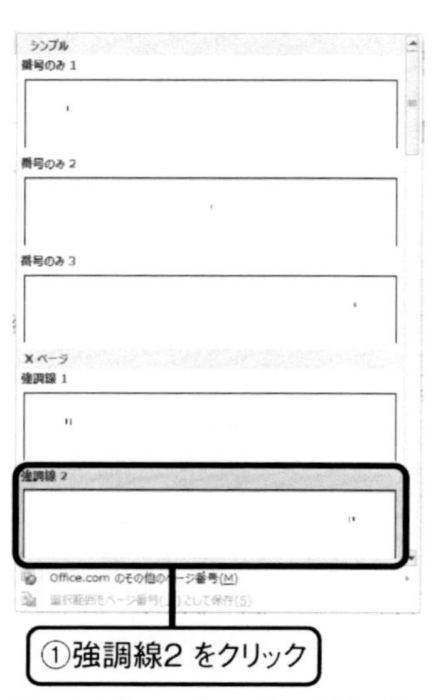


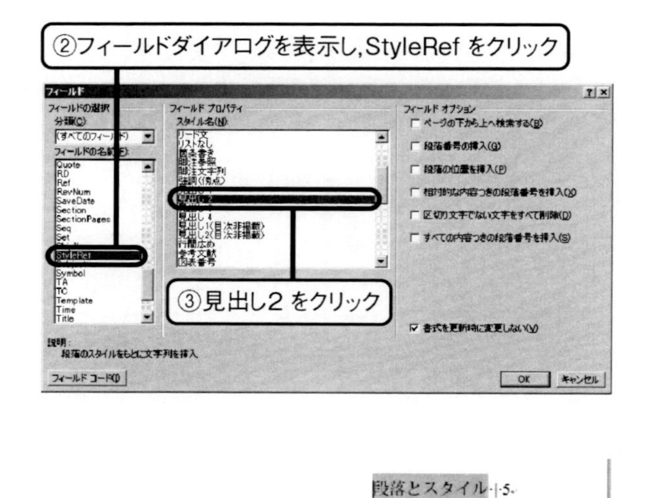


図 108 奇数ページヘッダーの挿入と節題目の挿入

# 第12章 チュートリアル：学会講演論文テンプレートの改善

前章までで機能の紹介および解説は全て完了したので，本章ではそれらの知識を基に実際のWordファイルを改善する．

## 12.1 対象テンプレート

本章は本書二つ目のメイントピックである．学会発表に申し込むと，ほとんどの場合に講演論文[1]の提出を求められる．その際，Wordのテンプレートを学会公式サイトからダウンロードして利用するのであるが，あまりよい作りではない事が多い．スタイルが使われることは希だし，相互参照が使われている学会講演論文テンプレートはお目にかかったことがない[2]．

そのような状況の中でも，比較的マシな機械学会2017年度年次大会[3]の学会講演論文テンプレートを眺め，問題点を指摘し，修正していこう．なぜこれを使うかというと，比較的整えられた作りになっているのにそれに気付けないようになっていたり，見出しのレベルを本文にしてしまっていたりと，非常に惜しいのである．比較的整っているため修正が楽であり，練習問題として最適である点も見逃せない．執筆時点で2015年度[4]や2016年度[5]年次大会の公式ページがまだ生きているので，2017年度年次大会のページもしばらく残るだろうと期待される．

## 12.2 テンプレートファイルのダウンロード

公式ページの左側にメニューがあるので，原稿執筆要領のページから＜２～５頁書式のテンプレート（WORD形式）＞をクリックしてダウンロードする．ダウンロードしたら，ファイルを右クリックしてプロパティを表示し，ブロックを解除しておこう．

## 12.3 登録されているスタイルとアウトラインの確認

ブロックを解除してファイルを編集できるようにしたらファイルを開こう．スタイルを見てみると，特にWordの標準状態から変化した様子は見られない（図 109(a)）．一見するとスタイ

1. あるいはレジュメ，予稿などとも呼ばれる
2. ジャーナル論文用テンプレートでは，スタイルはよく使われている．編集作業の簡略化が目的と思われる．
3. 日本機械学会 2017 年度年次大会，https://www.jsme.or.jp/conference/nenji2017/（accessed at Oct. 7th）
4. 日本機械学会 2015 年度年次大会，https://www.jsme.or.jp/conference/nenji2015/（accessed at Oct. 7th）
5. 日本機械学会 2016 年度年次大会，https://www.jsme.or.jp/conference/nenji2016/（accessed at Oct. 7th）

ルを全く使っていないように見えるが，**スタイル**ウィンドウを表示すると，使うスタイルがキレイにまとめられている（図 109(b)）．なぜここまでやっているのにクイックスタイルに登録しておかなかったのか！？ Wordをなんとなくでしか使っていない多くの人は，有用なスタイルの存在に気付かないだろう．

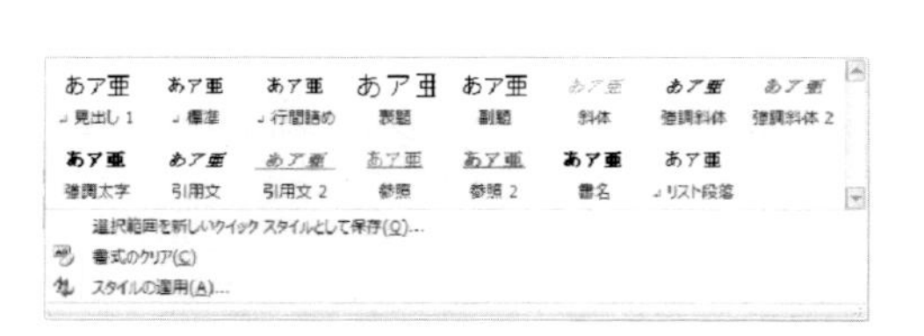


(a) クイックスタイルギャラリー

スタイル
すべてクリア
00 アキ
01 和文表題(主題)
02 和文表題(副題)
03 和文著者名
04 英文表題(主題)
05 英文表題(副題)
06 英文著者名
07 英文所属・連絡先
08 英文抄録
09 KeyWords
09 KeyWords(見出し)
10 見出し(章)
10 見出し(節・項)
10 本文
10 本文（箇条書き）
11 原稿受付
11 所属・連絡先(和文)・E-M
12 引用文献
13 数式
14 図タイトル(Fig)
14 表タイトル(Table)
15 図表中文字
ヘッダー
見出し 1
見本
標準
フッター

(b) スタイルウィンドウ

図 109 クイックスタイルとスタイルウィンドウへのスタイルの登録状況

なるほどスタイルは登録されているのだなと気をよくし，アウトラインモードに切り替えると唖然とする．全てのスタイルのレベルが本文になっており，文書の構造化がなされていないのである．これはいただけない．

- G999999
- 投稿論文作成について
- （日本機械学会指定テンプレートファイル利用について）
- Making Research Paper
- (About the Use of the JSME Specification Template File)
- 機械 太郎[*1]，○正□技術 さくら[*2]
- 機械 二郎[*1]，機械 三郎[*1]，東京 花子[*3]
- Taroh KIKAI[*1], Sakura GIJYUTSU[*2],
- Jiroh KIKAI[*1], Saburoh KIKAI[*1] and Hanako TOKYO[*3]
- [*1] 日本機械大学□Nihon Kikai University
- [*2] 信濃町大学□Shinanomachi University
- [*3] 機械株式会社□Kikai Corporation
-
- When preparing the manuscript, read and observe carefully this sample as well as the instruction ...
- *Key Words* : Keyword1, Keyword2, Keyword3, Keyword4, ...(Show five to ten keywords.) ...
- 1.□緒□□□言

図 110 アウトライン表示結果（本文のぼかしは著者らによる）

## 12.4 クイックスタイルへの登録

必要なスタイル一式が設定されていることは確認できたので，4.5節を参考にしてまずは利用するスタイルを全てクイックスタイルに登録する．人間は同じ作業を繰り返すと慣れによって能率が上がるので，まずは全てのスタイルをクイックスタイルに登録してしまうのが効率的と考えているが，同時に次小節で紹介するスタイルの修正を行ってしまってもよい．そして，保存するときはWord文書（*.docx）形式で保存しておこう．このとき，名前を付けて保存ダイアログにある，以前のバージョンのWordとの互換性を保持する のチェックは必ず外す．Word97-2003形式では，**数式**が利用できない．

## 12.5 スタイルの修正と反映

スタイルを修正する点はあまり多くない．特に文字スタイルは何も修正する必要はなく，段落スタイルのみを修正する．修正しなければならないのは，スタイルのレベル，改ページ位置の自動修正，段落前後の余白，アウトラインの定義（章や節題目番号の書式の設定），そして次の段落スタイルである．

### スタイルのレベル設定

スタイルのレベル設定は，文書の構造化のために必須である．作業の効率化の意味でも，**ナビゲーション**ウィンドウに章や節が表示されていた方がよい．この観点に立てば，**見出し（節・項）**スタイルは**見出し（節）**，**見出し（項）**に分けるべきである．見出しの章，節，項スタイルそれぞれについて，**段落**ダイアログの**インデントと行間隔**タブにある**アウトラインレベル**をレベル1，レベル2，レベル3に設定する．

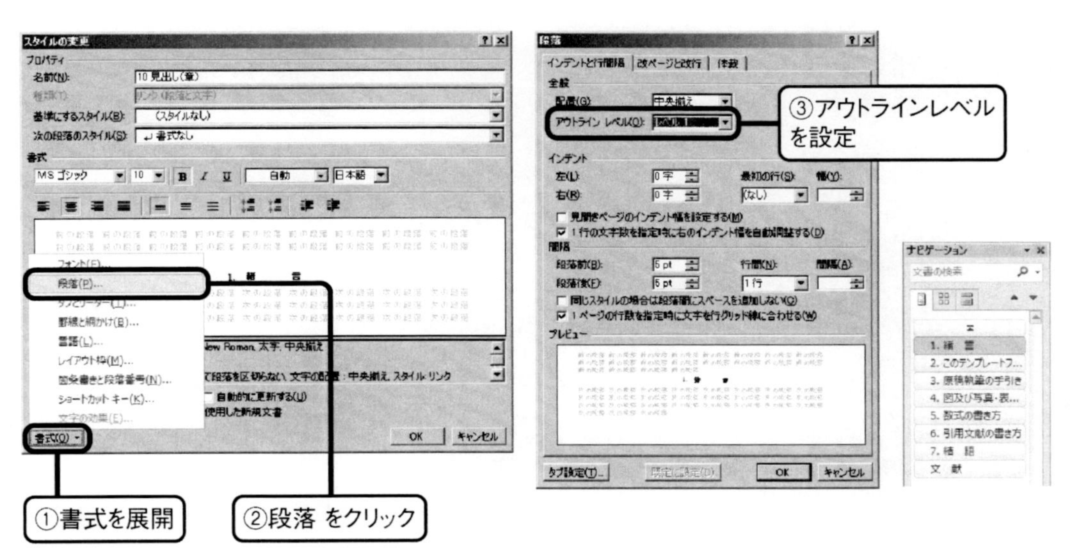


図 111 見出し（章，節，項）用スタイルのアウトラインのレベル設定

### 改ページ位置の自動修正

見出しに関係するスタイルを編集しているついでに，それらスタイルの改ページ位置の自動修正の設定も行おう．技術文書に固有の事かは分からないが，題目のみがページの最後にあり，本文が次のページに送られている状況は避けなければならないとされている．当該テンプレートでは，3・1節の題目で1ページ目が終わっているので，これを改善するために改ページ位置の自動修正を設定する．見出しの章，節，項のスタイルそれぞれについて，**段落**ダイアログの**改ページと改行**タブにある**次の段落と分離しない**にチェックを入れる．設定を完了すると，3章の題目ごと次のページに送られているはずだ．

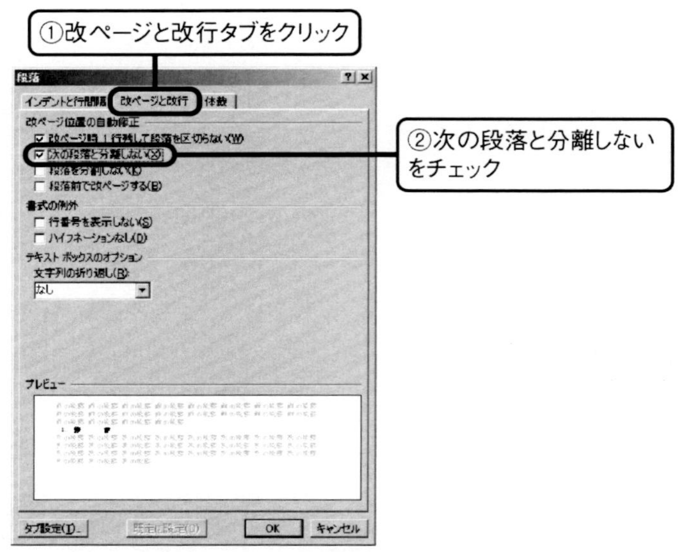


図 112 見出し（章，節，項）と本文の分離の抑制

このオプションは図表番号を挿入した際，図表とそれらの番号が分離されないようにするためにも利用できる．

### 段落前後の間隔の設定

段落前後の間隔は，余分な改行を排除するために必要な設定である．テンプレートを見ると，各所に余白を設けるためだけの改行が入れられている．これは段落前後の間隔で容易に設定できるが，基本的には段落前の余白で設定した方がよい．

1ページ目の上から順番に見ていくと，著者所属と英文抄録の間に1行改行がある．ここは**英文抄録**スタイルを変更し，**段落**ダイアログの**インデントと行間隔**タブの**間隔**の項目にある**段落前**を1行に設定する．次に，Key Wordsと章見出しの間に行間の広い改行が1行ある．この間隔は**Keywords**スタイルにおいて既に段落後の間隔が28ptと設定されているので，特に設定することはない．Keywords1，Keywords2……と書いてある行の下にもう1行改行があるが，これはKey Wordsが2行になった場合を想定していると考え，この行を削除する．

1章と2章の間にも1行改行がある．これは**見出し（章）**の**段落前**の**間隔**を1行に設定する．同様に，3・1節と3・2節の間にも1行改行があるので，**見出し（節）**の**段落前**の**間隔**を1行に設定する．一度設定すると以降の同様の改行は全て排除できる．しかしながら，章見出しと節見出しを並べて書く場合には，見出し間の間隔が広くなる．4.5節でも述べたように，前後の段落の内容に応じて見出し上下の間隔を自動で調整する機能がほしいところである．

#### 次の段落スタイル

**次の段落スタイル**については，論文題目や著者名，英文抄録など書誌情報に関する項目は既に設定されている．そのため設定しなければならないスタイルはわずかである．**見出し**（章，節，項），**本文**，**数式**スタイルの**次の段落スタイル**を**書式なし**から**本文**に変更しよう．**本文（箇条書き）**スタイルの**次の段落スタイル**は，**本文（箇条書き）**とする．

#### アウトラインの定義（章や節番号の書式設定）

機械学会のテンプレート特有のことであるが，WordであろうがTeXであろうが，なぜか相互参照が行われず，章番号等がベタ打ちされている．これでは各項目の追加や削除に全く対応ができないので，アウトラインの定義を用いて見出し番号を付与しておこう．

章では，**番号書式**において番号直後にピリオドを入力しておく．**配置**（インデント）についても図113(a)の通り設定する．節については，章番号と節番号の区切りをピリオドから中黒（・）に変更し，基のテンプレートを再現するように配置を設定する（図113(b)）．項については番号書式の情報がないので，番号は付与せず，単純な左揃えとした．

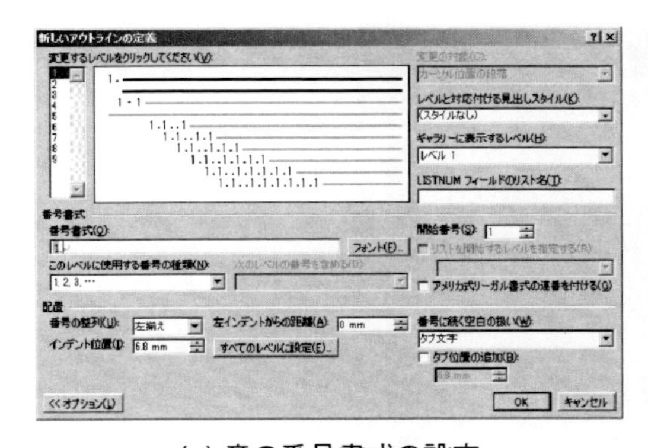


(a) 章の番号書式の設定

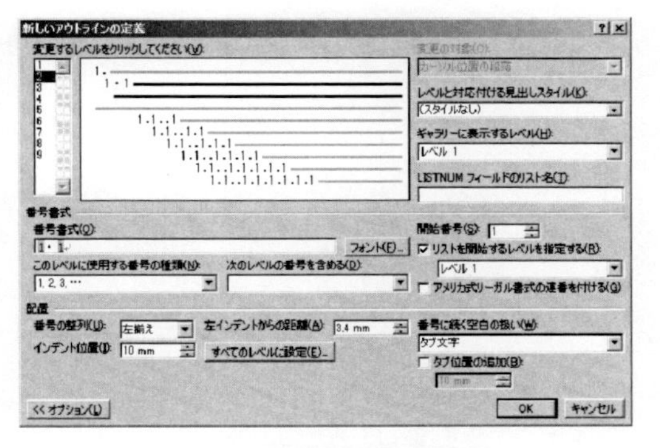


(b) 節の番号書式の設定

図 113 章，節番号の書式の設定（アウトラインの定義）

#### その他雑多な設定

項を設けるまでもない設定として，章見出しの均等割り付けと本文（箇条書き）の修正を行う．緒言，結言，文献の章見出しでは，文字の間に3文字分の全角スペースが入れられている．これは均等割り付けで設定できる．まずスペースを削除し，章見出しのみを選択した状態（文末の改行記号を選択していない状態）で，**ホーム**タブにある**均等割り付け**をクリックする．**文字の均等割り付け**ダイアログが表示されるので，**新しい文字列の幅**を5文字として**OK**を押せば，5文字の幅に割り付けられる．

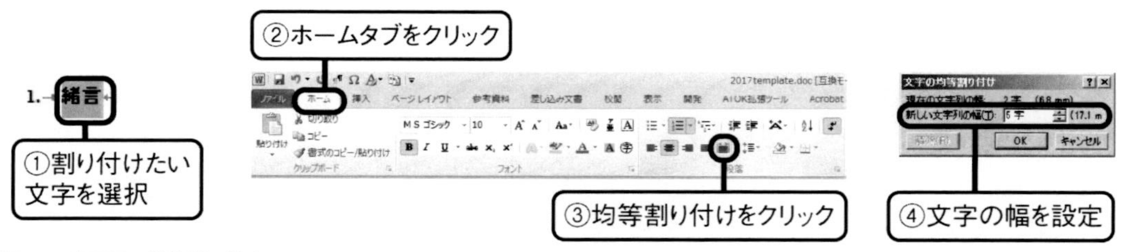


図 114 章題目の均等割り付け

次に，本文（箇条書き）スタイルに連番を設定する．基のテンプレートでは箇条書きがなく，連番はあるが番号がベタ打ちされているので，スタイルの名前を**本文（箇条書き）**から**本文（連番）**に変更し，5.3節を参考に連番を設定する．機械学会年次大会2017用のテンプレートでは丸括弧に全角を利用しているが，番号ライブラリにはそのような書式は登録されていない．そのため，**新しい書式番号の定義**から**番号書式**を設定している．また，インデントについても，見栄えがよくなるように微調整する必要がある．

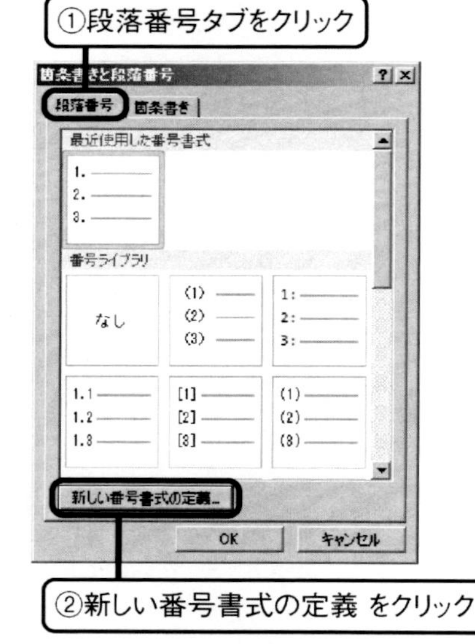


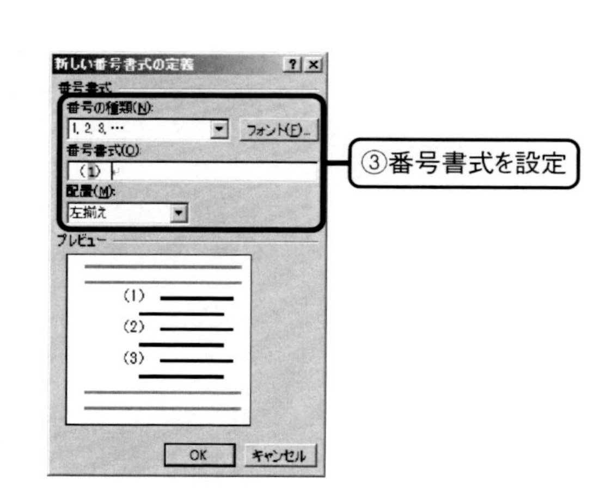


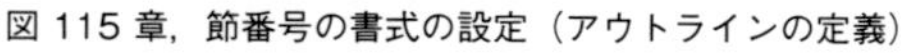


図 115 章，節番号の書式の設定（アウトラインの定義）

## 12.6 数式クイックパーツの登録

数式は左揃え，インデント幅は6.8mm，数式番号は右揃え（余白なし），数式番号を囲む括弧は全角丸括弧である．このスタイルを作成し，8.8節を参考に数式番号やスタイル区切りを挿入し，クイックパーツに登録しておこう．

## 12.7 執筆

ここは読者個々人の力の見せ所である．デザインに関する雑多な障害が払拭されたので，軽やかに執筆を進めることができるだろう．執筆をしながら，必要に応じて式，図表を参照，参考文献を挿入する．番号の挿入や参照については，適宜本書の第6章および第8章を読み直していただきたい．

## 12.8 文献の参照

機械学会年次大会の参考文献引用のスタイルは，引用順に参考文献に番号を付与し，番号を引用すると形式である．幸い，本書で紹介した内容で対応できるので，8.7節（文献を引用順に並べる場合）を読み直してほしい．注意すべき点は，引用のスタイルが上付きになっている事である．**図表番号の挿入**から番号を挿入して上付きに変更すると，**相互参照**を利用して引用した文献番号も上付きになっているので，適宜上付きを解除していく必要がある．

## 12.9 脚注を利用した著者所属の記述

著者所属を書く場合に，著者名に記号を付けて，それに著者所属の前に対応する記号を置いている．これは脚注を入力するスタイルと同じなので，脚注を使いたいという人もいると思われる．脚注はページの終わりか文末にしか置けないが，文書をセクションに分ければセクションの終わりにまとめて表示することができる．今回はこの機能を利用する．なお，本節で例示する人物や所属はフィクションであり，また機械学会とは何の関係もない事を明記しておく．

まず，講演番号や和文題目などを順次記入していき，著者所属を適当に省略したのち，英文抄録まで書き進める．その後，カーソルを英文著者名の末尾に移動し，当該箇所にセクション区切りを挿入する．このとき，入力するセクション区切りとして**現在の位置から開始**を選択する．ここでセクションが終了し，英文抄録から新しいセクションが始まる．

カーソルを著者名に移動し，**参考資料**から**脚注と文末脚注**ダイアログを表示し，**文末脚注**を選ぶ．このとき，**セクションの末尾**を選ぶとセクション区切りの直下（英文著者名直下）に脚注が挿入される．脚注記号を参照するには，**相互参照**ダイアログの**参照する項目**を**脚注**あるいは**文末脚注**とし，**相互参照の文字列**を**脚注記号番号**とすればよい．

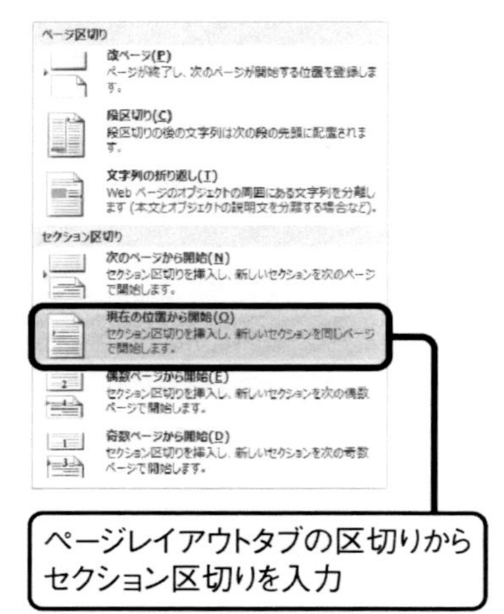

図 116 セクション区切りの挿入

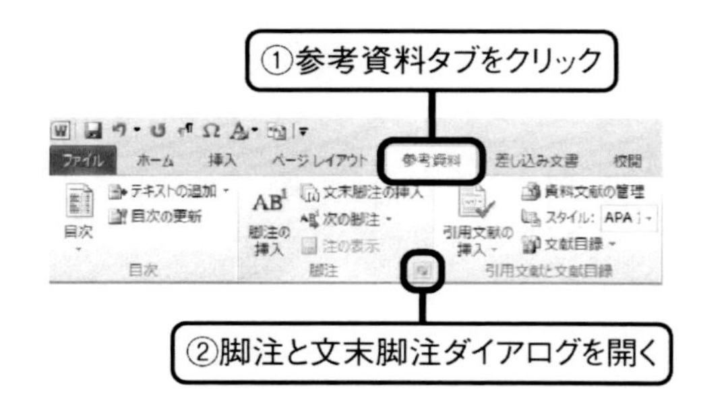

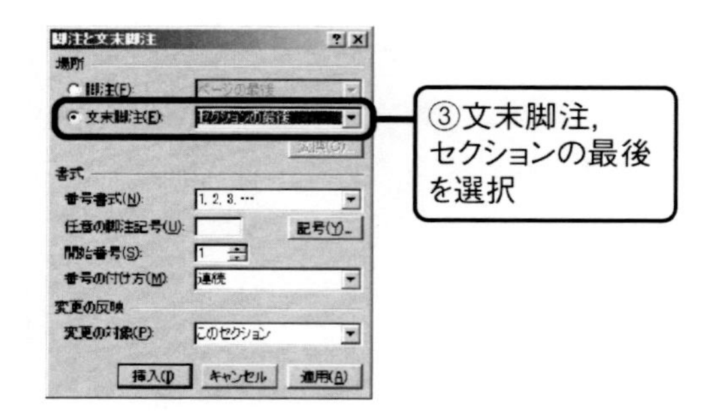

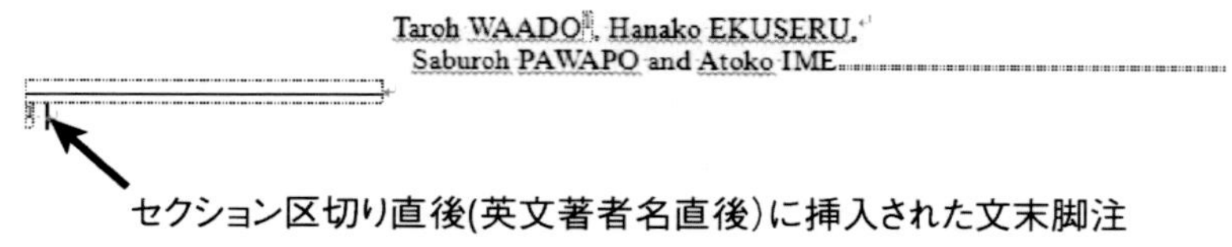


図 117 セクションの最後への脚注の挿入

本文と脚注の境界線は，6.4節を参考にして削除する．脚注記号にアスタリスクを付与するには，手作業で書いてもよいし，9.2節で述べたようにWordの置換機能を使うこともできる．このとき，検索する文字列の記号は**^f**ではなく**^e**となる．**検索と置換**ダイアログの**特殊文字**ボタンから文末脚注を入力する．また，相互参照によって参照した脚注記号はこの方法では置換できないので，手作業が必要になる．

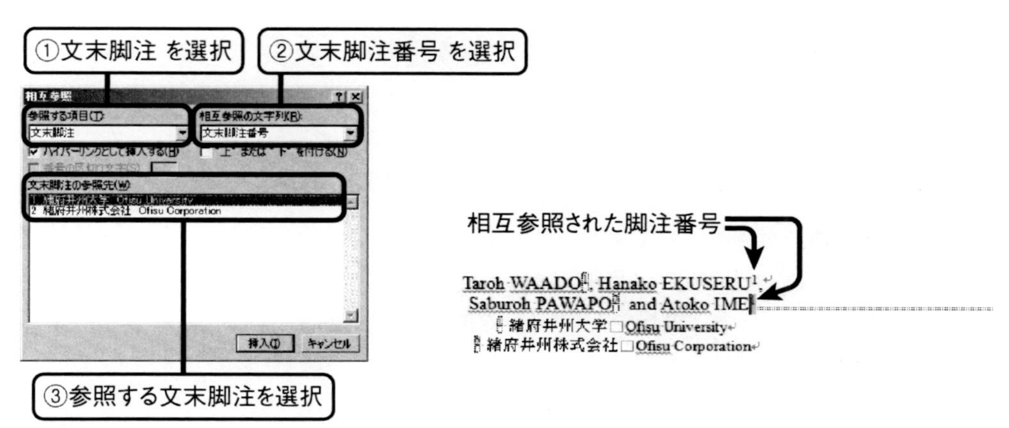

図 118 脚注番号の参照

# 第13章 Wordをさらに使いこなすために

本書では，技術文書を効率的に執筆するためのWordの利用法を述べてきた．そして，図表番号の参照を改善するために，スタイル区切り導入した．著者らを含め，Wordの仕組みを正しく学習する機会に恵まれなかった人にとっては，非常に新鮮に映ったのではないだろうか．

計算機に対して苦手意識を持っていないと，WordのようにUI整っているソフトウェアであれば何となく雰囲気で使ってしまう．しかし，それによってWord本来の使い方を無視し，時間と労力をかけて，思い思いの使い方でやりくりしてしまっていたのである．Wordの使い勝手に関して，使い難いという声の多くは，Wordを正しく使っていないことに起因していたのである．もし，Wordに興味を持ち，更に使いこなしたいと考えたのであれば，Wordに関する書籍を通して読むことをお勧めする．きっと知らなかった世界が開けることだろう．

本書では，図表の挿入については簡単にしか触れなかった．詳しく説明しようとすると，これもかなりの労力が必要になる．また，それでも思った通りの配置できるとは限らないので，今回は最低限の紹介に留めた．しかし，図表に関する膨大なオプションがあるので，じつはWordの図表が……という相談事は，それらのオプションで解決できる場合が多々あることは知っておいて頂きたい．

また，本書ではフィールドについてはほとんど説明をしなかった．相互参照に関しても，ブックマークには触れなかった．もしかすると，これらの効率的な利用方法を知っている読者もいることだろう．そのような機能やそれによる生産性の向上について情報をまとめ，Wordユーザ界隈を盛り上げていただければ，非常に良い相互作用が生まれるだろう．それこそがコミュニティの好ましい姿である．Wordが技術文書の作成に適しているかと問われれば，私はそうは思わない．技術書界隈が盛り上がってくればWordにも技術書作成用の機能が加わるかもしれないし，それによって生産性が向上するのであれば，皆が幸せになるだろう

## あとがき

本書をお読みいただきありがとうございました．本書を手にとっていただいたということは，Wordをもっと効率的に使いたいと考えているのだろうと思いますし，そういう方々にとって一つでも有益な情報を提示できていれば嬉しく思います．

本書のメイントピックは，スタイル区切りによって図表番号のみを引用できるようにしたことでした．また，それを数式番号の挿入に流用しました．何とかしてWordで番号のみの引用をしたいと試行錯誤してこの機能を見つけ，段落を基準にしたWordの動作と結びつけて理解できたことは，Wordと上手につきあう上で非常に大きな意味があったと感じています．Wordの利用で苦しめられている同僚に情報を展開していると，徐々に対応する範囲が広がっていき，何らかの形でまとめられないかと考えるようになりました．

読者像を想定しようとしたとき，世の人がどの程度Wordを使えるのかという情報が全くなく，各人がそれぞれ色々な機能を断片的に使っているという状況でした．そのため，対象読者も紹介する機能も限定し，気軽に一読できるようにしました．内容が不十分なところや間違って理解しているところについてはご指摘いただけると幸いです．

著者紹介

**出川 智啓**（でがわ ともひろ）

国立大学，高専，大手自動車関連企業で教育および研究開発に従事し，圧縮性/非圧縮性流れ，微細な気泡を含む流れのシミュレーション方法の開発やGPUによる高速化の経験を有する．専門は数値流体力学，混相流工学，ハイパフォーマンスコンピューティング．開発にはFortran 2003/2008, C/C++, Python, CUDA C/Fortranを利用している．

◎本書スタッフ
アートディレクター/装丁：岡田章志＋GY
デジタル編集：栗原 翔

**技術の泉シリーズ・刊行によせて**

技術者の知見のアウトプットである技術同人誌は、急速に認知度を高めています。インプレスR&Dは国内最大級の即売会「技術書典」（https://techbookfest.org/）で頒布された技術同人誌を底本とした商業書籍を2016年より刊行し、これらを中心とした『技術書典シリーズ』を展開してきました。2019年4月、より幅広い技術同人誌を対象とし、最新の知見を発信するために『技術の泉シリーズ』へリニューアルしました。今後は「技術書典」をはじめとした各種即売会や、勉強会・LT会などで頒布された技術同人誌を底本とした商業書籍を刊行し、技術同人誌の普及と発展に貢献することを目指します。エンジニアの"知の結晶"である技術同人誌の世界に、より多くの方が触れていただくきっかけになれば幸いです。

株式会社インプレスR&D
技術の泉シリーズ　編集長　山城 敬



**●本書の内容についてのお問い合わせ先**
株式会社インプレスR&D　メール窓口
np-info@impress.co.jp
件名に「『本書名』問い合わせ係」と明記してお送りください。
電話やFAX、郵便でのご質問にはお答えできません。返信までには、しばらくお時間をいただく場合があります。なお、本書の範囲を超えるご質問にはお答えしかねますので、あらかじめご了承ください。
また、本書の内容についてはNextPublishingオフィシャルWebサイトにて情報を公開しております。
http://nextpublishing.jp/

●落丁・乱丁本はお手数ですが、インプレスカスタマーセンターまでお送りください。送料弊社負担に てお取り替えさせていただきます。但し、古書店で購入されたものについてはお取り替えできません。
■読者の窓口
インプレスカスタマーセンター
〒 101-0051
東京都千代田区神田神保町一丁目 105番地
TEL 03-6837-5016／FAX 03-6837-5023
info@impress.co.jp
■書店／販売店のご注文窓口
株式会社インプレス受注センター
TEL 048-449-8040／FAX 048-449-8041

技術の泉シリーズ

# エンジニア・研究者のためのWordチュートリアルガイド

2017年12月15日　初版発行Ver.1.0（PDF版）
2019年4月12日　Ver.1.1

著　者　出川 智啓
編集人　山城 敬
発行人　井芹 昌信
発　行　株式会社インプレスR&D
〒101-0051
東京都千代田区神田神保町一丁目105番地
https://nextpublishing.jp/
発　売　株式会社インプレス
〒101-0051　東京都千代田区神田神保町一丁目105番地


印刷・製本　京葉流通倉庫株式会社
Printed in Japan

ISBN978-4-8443-9805-9

NextPublishing®
●本書はNextPublishingメソッドによって発行されています。
NextPublishingメソッドは株式会社インプレスR&Dが開発した、電子書籍と印刷書籍を同時発行できるデジタルファースト型の新出版方式です。 https://nextpublishing.jp/